钢-混凝土组合梁设计原理
（第二版）

朱聘儒　著

中国建筑工业出版社

图书在版编目（CIP）数据

钢-混凝土组合梁设计原理/朱聘儒著.—2版.—北京：中国建筑工业出版社，2006
ISBN 7-112-08669-8

Ⅰ. 钢... Ⅱ. 朱... Ⅲ. 钢结构：混凝土结构-组合梁-结构设计　Ⅳ. TU375.1

中国版本图书馆CIP数据核字（2006）第118357号

钢-混凝土组合梁设计原理
（第二版）

朱聘儒　著

*

中国建筑工业出版社出版、发行（北京西郊百万庄）
新 华 书 店 经 销
霸州市顺浩图文科技发展有限公司制版
北京建筑工业印刷厂印刷

*

开本：850×1168毫米　1/32　印张：7⅞　字数：211千字
2006年12月第二版　2006年12月第四次印刷
印数：11071—14570册　　定价：17.00元
ISBN 7-112-08669-8
（15333）

版权所有　翻印必究
如有印装质量问题，可寄本社退换
（邮政编码 100037）

本社网址：http://www.cabp.com.cn
网上书店：http://www.china-building.com.cn

本书目的是对钢-混凝土组合梁的设计作一全面介绍。第二版中除按最新的《钢结构设计规范》(GB 500017—2003)修订外，又充实了近期国内外组合梁的设计与研究成果，同时对新规范中钢-混凝土组合梁结构新的规定加以分析研究，提出了作者的认识，并加强其与钢结构塑性设计及混凝土梁理论间的沟通，以及力学分析。全书包括：概论；基本设计原则；多跨连续组合梁的内力分析；组合梁截面弹性分析；组合梁截面塑性分析；抗剪连接件设计；混凝土翼板与板托的界面受剪设计；组合梁挠度及裂缝宽度验算；组合梁楼盖设计与例题共九章。书中有大量例题，通过例题进行系统分析，还提出一些构造建议和设计思路。可供土木工程技术人员、研究人员、教学人员、研究生参考，也可作为高等学校本科生选修课教材。

* * *

责任编辑：黎　钟
责任设计：赵明霞
责任校对：张树梅　张　虹

第二版前言

本书首发至今已有16年了,当时是国内首先系统地介绍组合梁的一本专著。该书的出版背景是迎接1989年《钢结构设计规范》的修订,为规范中新增加的"钢与混凝土组合梁"一章造势。该书流传很广,得到了读者的认可,至今仍有论文把它作为参考文献,谢谢读者们的厚爱。

现在,《钢结构设计规范》GB 500017在2003年重新修订,其中组合梁一章又充实了不少,加之期间国内外在组合梁方面的研究及实践成果也很多,为了与时俱进,深感有必要以第二版的形式对本书重新编写。编写的背景与第一版相同,只是第一版是在规范修订事前,第二版是在规范修订事后,本书所起的作用也将稍微有点不同。

和第一版一样,本书仍旧定位在响应规范而又不完全因循规范,还要继续保持深入浅出、理论联系实际的优良学风。读者对象是工程技术人员、研究人员、教师、研究生,本书也可以作为高等学校本科生的选修课教材。

本书第二版较大的变化有三个方面:

一是通过大量试算试设计把规范新增加的规定的底线弄清楚,做到心中有数,哪些没有问题,哪些须要注意,哪些要留有余地,还有哪些规律等等。这些都是设计者所关心的问题。

二是加强和钢结构塑性设计及混凝土梁理论的沟通,虽然它们和组合梁材料不同,结构形式也不同,但在"梁"的问题上却有不少共性的东西。互相沟通借鉴,组合梁获益颇多,有利于组合梁的全面发展。

三是加强了力学的力度。一门结构要持续全面发展，离不开雄厚的力学基础。力学源于实践而又高于实践，它逻辑严密；力学在实践中也有诸多现实意义，荷载作用下梁的内力效应、应力效应以及位移效应都要用力学解析；实践上难以决断的事要靠力学去推理；力学分析结果可以作为近似法及试验结果的参照准绳；力学可以指引结构的改进方向；力学也是人们对结构问题形成共识的基础。因此，作者多年来就有一个愿望，要为组合梁构建一个初步的力学框架，而这方面的文献国内尚见得不多，国外资料也仅仅是一点信息，本书第二版所增加的力学内容中有一些是作者与研究生们共同探索的成果。

本书第二版中算例也不少，它们仍旧是本书的一个重要组成部分，是理论联系实际的一个重要平台，用数字说话更具体、更形象、效果更好。至于"组合楼盖设计与例题"一章，重点是学以致用，全部改写之后，除了与新版钢结构设计规范接轨之外，还首先提出了一些组合梁特色的构造规定（建议）和有指导意义的设计小结，请读者关注并提出宝贵意见。

朱聘儒　2006 年于苏州

目 录

第一章 概论 ……………………………………………… 1
- 1-1 组合梁的基本概念 …………………………………… 1
- 1-2 钢-混凝土组合梁的截面组成 ……………………… 5
- 1-3 钢-混凝土组合梁的优缺点 ………………………… 10
- 1-4 钢-混凝土组合梁发展概况 ………………………… 11

第二章 基本设计原则及一般规定 …………………… 15
- 2-1 结构设计的功能要求及荷载效应 …………………… 15
- 2-2 结构的极限状态设计表达式及荷载效应组合 ……… 16
- 2-3 组合梁的材料选用 …………………………………… 26
- 2-4 组合梁中钢梁的板件宽厚比 ………………………… 28
- 2-5 组合梁截面混凝土翼板的计算宽度 ………………… 29
- 2-6 组合梁混凝土翼板的等效换算宽度 ………………… 31

第三章 多跨连续组合梁的内力分析 ………………… 33
- 3-1 概述 …………………………………………………… 33
- 3-2 连续组合梁的工作截面 ……………………………… 34
- 3-3 单跨变截面组合梁的位移计算公式 ………………… 35
- 3-4 多跨连续组合梁的内力分析 ………………………… 39
- 3-5 多跨连续组合梁的塑性分析 ………………………… 49

第四章 组合梁截面的弹性分析 ……………………… 55
- 4-1 概述 …………………………………………………… 55
- 4-2 组合梁的换算截面 …………………………………… 55
- 4-3 组合梁的法向应力分析 ……………………………… 60
- 4-4 组合梁的剪应力分析 ………………………………… 63

4-5　温差应力及混凝土收缩应力分析 …………… 69
　4-6　组合梁考虑叠合缝相对滑移的弹性分析
　　　（基本原理及内力计算实例） …………… 76
　4-7　组合梁考虑叠合缝相对滑移的弹性分析
　　　（位移部分） …………………………… 91

第五章　组合梁截面的塑性分析 ………………… 97
　5-1　概述 ……………………………………… 97
　5-2　组合梁的抗弯承载力计算 ……………… 97
　5-3　组合梁竖向抗剪承载力计算 …………… 108
　5-4　负弯矩区段组合梁钢部件的稳定分析 … 114
　5-5　正弯矩作用下组合截面的弯曲变形分析 … 124
　5-6　负弯矩作用下组合截面的弯曲变形分析 … 129

第六章　抗剪连接件设计 ………………………… 139
　6-1　抗剪连接件的形式 ……………………… 139
　6-2　抗剪连接件的试件与试验 ……………… 141
　6-3　抗剪连接件的静力工作性能 …………… 142
　6-4　抗剪连接件的动力工作性能 …………… 150
　6-5　连接件的抗剪承载力设计值 …………… 152
　6-6　组合梁抗剪连接件的弹性设计法 ……… 157
　6-7　组合梁抗剪连接件的塑性设计法 ……… 161
　6-8　抗剪连接件的构造要求 ………………… 166
　6-9　抗剪连接程度对组合梁工作性态的影响 … 168
　6-10　部分抗剪连接的组合梁设计 …………… 170

第七章　混凝土翼板与板托的界面受剪设计 …… 175
　7-1　概论 ……………………………………… 175
　7-2　混凝土界面受剪的破坏机理及其强度 … 176
　7-3　混凝土界面抗剪强度及界面抗剪承载力的设计
　　　表达式 …………………………………… 180
　7-4　混凝土翼板及板托的横向钢筋设计 …… 182

7

7-5 板托的构造 ·················· 187
第八章 组合梁的挠度及裂缝宽度验算 ·········· 188
  8-1 一般规定 ·················· 188
  8-2 组合梁的截面刚度 ············· 189
  8-3 关于组合梁截面刚度折减系数的分析与建议 ··· 192
  8-4 连续组合梁负弯矩区混凝土翼板的最大裂缝宽度
      计算 ···················· 196
第九章 组合楼盖设计与例题 ············· 201
  9-1 组合楼盖的组成 ·············· 201
  9-2 组合楼盖的梁格布置 ············ 202
  9-3 板和梁的构造考虑 ············· 205
  9-4 设计例题 ················· 211
附表 1 热轧普通工字钢的尺寸、截面面积、理论重量
        及截面特性 ················ 237
附表 2 经供需双方协议，可供应的普通工字钢 ····· 239
附表 3 钢筋的计算截面面积及理论重量 ········ 240
附表 4 每米板宽内的钢筋截面面积 ·········· 241
参考文献 ······················ 242

第一章 概 论

1-1 组合梁的基本概念

本书所介绍的只是一种特定的组合梁,关于组合梁的基本概念早已有之,组合梁的形式也很多,它与钢、木、砌体及混凝土等结构都有关系,目前仍在不断发展着。宏观地归纳,组合梁有以下三大类:

(1) 同种材料构成的组合梁

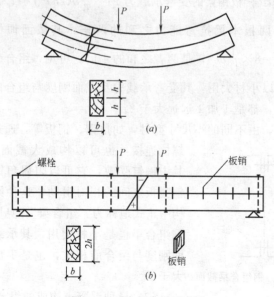

图 1.1-1 木组合梁示意图
(a) 未组合的;(b) 板销梁

先以木结构为例。现有两根截面尺寸为 $b \times h$ 的木梁,未有任何组合措施,只是将它俩简简单单地叠在一起,见图 1.1-1 (a),那么受力之后,两根梁各自受弯,各有其自身的中和轴,上面梁的下纤微受拉伸长,下面梁的上纤微受压缩短,两者之间有明显的滑移错动,其受弯承载力 $M = 2 \times \frac{1}{6} bh^2 f$,为两根木梁之和,其中 f 为木材强度,其截面惯性矩 $I = 2 \times \frac{1}{12} bh^3$,亦为两者之和,1 加 1 等于 2。

现在,为了实现小材大用,沿它们的纵向在垂直于叠合面方向用开榫机横穿叠合面开凿出一系列榫槽,并往其中插入用硬木制成的片状"板销",见图 1.1-1 (b);规定板销的木纹与叠合面相垂直,它有足够的抗剪能力,可以阻碍上下梁在叠合面处相对滑移错动,构成一根整体性很好的组合梁。这种梁在木结构中称为"板销梁"。板销梁的受弯承载力 $M = \frac{1}{6} b(2h)^2 f = 4 \times \frac{1}{6} bh^2 f$,是组合前两根木梁抗弯能力之和的两倍,其截面惯性矩 $I = \frac{1}{12} b(2h)^3 = 8 \times \frac{1}{12} bh^3$,是两者之和的 4 倍。可见,组合起来的板销梁,可以小材大用,其受弯承载力及截面刚度与组合前的两根木梁相比,都是 1 加 1 远远大于 2。

同理,由不同的小尺寸型材,如角钢、钢板等,通过铆钉或螺栓连接,也可以构成大截面的钢梁,其中铆钉受剪,它可以阻碍角钢肢背与钢腹板之间的相对滑动,这种梁在钢结构中正式地称为"组合梁",见图 1.1-2。钢组合梁也是小材大用,其承载力及截面刚度与组合前相比,也是 1 加 1 远远大于 2。

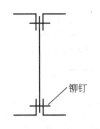

图 1.1-2 钢组合梁截面

(2) 异种混凝土构成的组合板

混凝土拌合物是可塑的,可以不受尺寸限制,但是异种混凝土组合在一起之后,可以实现功能多样化,现举两个应用实例。

如所周知,预应力混凝土抗裂性好,可以节约钢材,在高层建筑混凝土结构中,有一种叫做预应力混凝土薄板叠合板的楼盖方案,见图 1.1-3(a),其要点是先在预制厂中加工预应力混凝土薄板,板厚为 50~60mm,尺寸视运输条件而定,吊装就位后,再在其上浇筑 80~120mm 厚的后浇混凝土,等待后浇混凝土硬化后,便形成了两种混凝土构成的叠合板(图 1.1-3a)。后浇混凝土与预应力混凝土薄板的结合,是依靠它们两者的粘结强度,以及预应力混凝土薄板在板面上预先伸出的短筋埋入到后浇混凝土中进一步加强两种混凝土之间的连接。预应力混凝土薄板叠合板与纯装配式楼板相比整体性好,与纯现浇混凝土楼板相比省去了模板及施工工序;预应力薄板在竣工后是叠合板的受拉配筋,在施工时又兼作模板,体现了一物两用。

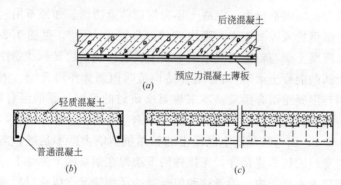

图 1.1-3 异种混凝土组合板示意图
(a) 预应力混凝土薄板叠合板;(b) 复合大型屋面板剖面;
(c) 复合大型屋面板侧面

作为另一个实例,为图 1.1-3(b)、(c) 所示可用于单层厂房屋盖的复合大型屋面板。按照常规,槽形大型屋面板由面板及纵肋构成,保温层铺设在屋面板上面。本方案则不然,它利用保温的轻混凝土板替代了大型屋面板中的面板,只是两条纵肋仍旧属于普通钢筋混凝土,其剖面见图 1.1-3(b)。为了克服轻混凝土与纵肋沿接触面上的剪力作用,纵肋顶面除了形成凸出凹进的齿状平面外,两种混凝土还用箍筋相连,见图 1.1-3 (c)。在这种复合的大型屋面板内,轻混凝土实现了一物三用,一是作为保温层,二是替代了原大型屋面板中的面板,作为围护结构,三是作为大型屋面板的一个组成参与承重受力。可见,这种由异种混凝土构成的组合板,其组成材料可以综合利用,实现功能多样化。

(3) 异种材料构成的组合梁

这方面的例子很多,其中首推钢与混凝土构成的组合梁,常见的钢筋混凝土梁从本质上讲就是典型的异种材料构成的组合梁,钢筋处于混凝土之中,它们共同工作的基础是混凝土对钢筋表面有足够的粘结抗剪强度,钢筋在混凝土中基本上无滑移,钢筋混凝土梁的特点是两种材料各自扬长避短和优势互补,构件承载能力及刚度都很大,混凝土还为钢筋防火防锈。如果不用钢筋而将型钢置入混凝土中,则构成"钢骨混凝土梁",见图 1.2-1。钢骨混凝土梁与钢筋混凝土梁本质上没有区别,故又称"劲性钢筋配筋的混凝土梁",而在组合结构范畴内则称作组合梁。第三种钢与混凝土组合梁就是本书将要所研讨的型钢外露的组合梁,它与前两种钢筋混凝土梁的区别在于钢与混凝土是体外接触,见图 1.2-2,因为接触面上混凝土的粘结抗剪能力微不足道,需要设置专门的抗剪连接件,连接件的下端焊在钢梁的上翼缘上,上端则埋入混凝土内,关于这种组合梁的详细情况,留待以后逐一介绍。

用钢筋混凝土加强砌体也可以构成组合砌体结构,可以显著提高砌体的受弯及受剪承载力。按照规范,在抗震设防烈度 6 度地区,配筋砌块砌体剪力墙房屋的适用高度可达 54m。此外,规范中还专门设置了组合砖砌体构件一节,认为它是砖砌体的主要配筋形式。

近 20 年来,工程界研制出了很多如建筑结构胶、碳纤维等新型建筑材料,相应地也出现了不少新型的组合梁,如果将钢板用胶粘贴在混凝土的下表面就构成了钢板胶结混凝土组合梁，如果将碳纤维用胶粘贴在混凝土的下表面或木材的下表面，就构成了碳纤维胶结混凝土组合梁或碳纤维胶结木组合梁，这些组合梁目前正在结构加固领域中广为应用，国家专门有这方面的技术规程。

综上所述，组合梁的优点确实很多，可以小材大用，可以显著地提高构件的承载能力和刚度，所组合的材料可以扬长避短和优势互补，可以一物多用，实现结构功能多样化。关于组合梁的关键，在于接触面上的抗剪连接，除了混凝土或胶的抗剪粘结外，还有很多如板销、铆钉、螺栓、箍筋、混凝土齿等专门的连接件，因为它们都是用以承受纵向剪力，不妨统称为"抗剪连接件"。可以认为，没有抗剪粘结或抗剪连接件就没有组合梁。

以上所述的仅仅是关于组合梁的共性知识，由于研究工作的深入和推广应用的普及，有不少种类的组合梁早已经成为主要的分支学科，如钢筋混凝土梁、钢骨混凝土梁、钢组合梁、胶合组合梁等，还有本书所介绍的组合梁。

1-2 钢-混凝土组合梁的截面组成

钢-混凝土组合梁可以分为外包混凝土的组合梁（图1.2-1）及型钢外露的组合梁（图1.2-2）两种。外包混凝土的组合梁是对钢梁围上足够的箍筋后再用混凝土包上。这种形式早在19世纪初期就已经出现，当时主要是出于对结构防火要求的考虑，以后才按钢与混凝土共同工作来计算梁的承载力及刚度。它的计算原理属于钢筋混凝土结构范畴，在我国过去称之为"劲性钢筋配筋的混凝土梁"，本书不准备涉及它。关于钢梁与混凝土体外接触这一类形式的组合梁，其专门的英文名词为"Steel and Concrete Composite Beam"，这种组合梁适用于桥梁结构、楼盖结构或平台结构。在房屋建筑中，它和主体钢结构的梁格体系关系密切，同时在学科理论上又和钢结构中的塑性设计有诸多沟通之

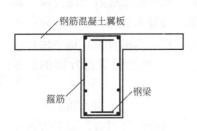 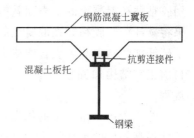

图 1.2-1 外包混凝土的组合梁　　图 1.2-2 型钢外露的组合梁

处，故不少国家将它纳入《钢结构设计规范》范畴，我国亦然。

型钢外露的钢-混凝土组合梁（以后简称为组合梁）的截面由四部分组成（图 1.2-2），分述如下：

(1) 钢筋混凝土翼板——在楼盖结构、平台结构或桥梁结构中，它是楼板、平台板或桥面板的本身。对于独立的组合梁，作为翼板的钢筋混凝土板除了可提高构件的强度及变形性能外，还可以防止梁的出平面失稳。

翼板的形式除图 1.2-2 所示应用较多的现浇混凝土楼板外，常见的还有多种结构形式，如：

(a) 压型钢板的组合铺板 (1.2-3a，b)　这种楼板是将成型的压型钢板铺设在钢梁上，通过连接件和钢梁的上翼缘焊牢，然后在压型钢板上浇灌混凝土构成。压型钢板可以当作模板承受施工荷载，有些压型钢板在混凝土硬化后还可以兼作板的配筋。这种楼板施工便捷，缺点是用钢量多了一点。它一般用于高层建筑钢结构或某些工业厂房的楼盖。从压型钢板的铺设方向来看，它可以分为压型钢板肋平行于钢梁和垂直于钢梁两种。对于主次梁楼盖结构，压型钢板肋（强边方向）一定垂直地搁置在次梁上，此时对主梁来说，压型钢板肋就平行于主梁方向，见图 1.2-3 (a)。如果是独立的钢梁，压型钢板肋也是垂直地搁置在钢梁上的，见图 1.2-3 (b)。

(b) 混凝土叠合板（图 1.2-3c，d）　混凝土叠合板由混凝土预制板及现浇混凝土层组成，在混凝土预制板表面采取拉毛及设置抗剪钢筋等措施，以保证预制板和现浇混凝土层形成整体。混凝土预制板可以用来承受施工荷载，为后浇混凝土兼作模板，现场的混凝土湿作业也少，还可以立体交叉施工。从预制板的跨度走向来看，同样可以分为与钢梁平行与钢梁垂直两种，见图1.2-3 (c)，(d)。对于预制板跨度方向与钢梁垂直情况，为了保证混凝土叠合板能充分参与组合工作，应在板端伸出环筋或胡子筋以加强预制板、后浇混凝土及钢梁三者之间的连系，见图1.2-4。图中的预制板端头呈燕尾形，以容纳后浇混凝土和钢梁上的连接件，板端还伸出钢筋环，套在连接件上，加强整体性。我国山西省电力勘察设计研究院与郑州工学院合作，在这方面作了专门的试验研究，并在国内建造了首个试点工程，证明结构是可靠的，而且技术经济效益极佳。

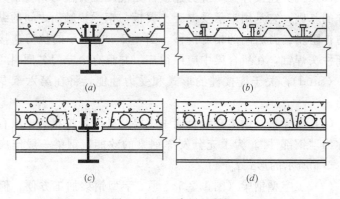

图 1.2-3　组合梁的翼板

(a) 压型钢板的组合板，肋平行于钢梁；(b) 同 (a)，肋垂直于钢梁；
(c) 混凝土叠合板，板跨平行于钢梁；(d) 同 (c)，板跨垂直于钢梁

(2) 板托——板托是在混凝土翼板与钢梁上翼缘之间的混凝土局部加大部分，见图 1.2-2。板托有时是为了容纳体形尺寸较大的抗剪连接件而专门设置的，有时是客观上存在着某个空间而必须设置的，有时也可以不设。一般而言，不带板托的组合梁施工方便，带板托的组合梁材料较省，但板托构造复杂。高层建筑钢结构中的组合梁大多不带板托。

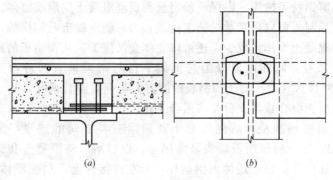

图 1.2-4 混凝土叠合板的连接构造
(a) 剖面；(b) 平面（未表示后浇混凝土）

(3) 抗剪连接件——抗剪连接件是混凝土翼板与钢板梁共同工作的基础，它是用来承受混凝土翼板与钢梁接触面之间的纵向剪力，阻止二者之间的相对滑移。图 1.2-2 中所示的抗剪连接件为圆柱头焊钉，在组合梁中应用很广，并且有个专门名词叫"栓钉"（Stud），关于连接件的形式和受力性能，将在第六章专门介绍。

(4) 钢梁——钢梁在组合梁中主要是处于受拉状态，故有时又称为"钢部件"。为了充分发挥钢梁的效能，钢梁一般作成如图 1.2-5 所示的形式：

(a) 工字型钢梁（图 1.2-5a） 工字型钢梁加工方便，但过大的工字型钢恐供货不多。一般用于楼盖的次梁组合梁。

(b) 钢板梁（图 1.2-5b，c，d） 大型组合梁的钢部件一般用钢板拼焊而成，为了充分利用材料，一般可作成对横轴非对称的（图 1.2-5b），或在下翼缘加焊盖板（图 1.2-5c），个别也有设计成倒 T 型钢部件的（图 1.2-5d）。楼盖中的主梁、组合桥梁等大型组合梁大多用钢板梁作钢部件。

(c) 箱形钢梁（图 1.2-5e） 大型组合梁中的钢部件还可以设计成箱形钢梁，箱形钢梁的整体稳定性好，结构高度小一些，承载力亦高。

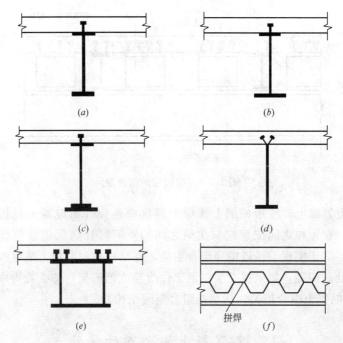

图 1.2-5 组合梁的钢部件形式
(a) 工字型钢梁；(b) 宽下翼缘的钢板梁；(c) 下翼缘加盖板的组合梁；
(d) 倒 T 形钢梁；(e) 箱形梁；(f) 蜂窝钢梁

(d) 蜂窝钢梁（图 1.2-5f） 蜂窝钢梁是用工字型钢经过切割后再错位拼焊而成，其截面高度比原来的工字钢增加不少，具有刚度大、省钢和可穿行管线等优点，但略为费工。

以上所讲的只是几种基本形式，设计者可以因地制宜地创造一些新的结构形式。例如在国外某个多层停车场，其组合楼盖的主梁就采用了一种叫做"短柁梁"的结构方案，见图 1.2-6。其要点是楼盖次梁钢部件直接支承在主梁的钢部件上（叠接连接），此时在混凝土翼板与主梁钢部件之间留出了一个等于次梁工字钢高度的空间，为了实现混凝土翼板与主梁钢部件的组合，在主梁钢部件上间断地填入若干个与主梁平行排列称为短柁的短工字钢；短柁高度等于次梁工字钢高度，短柁下翼缘焊在主梁钢部件

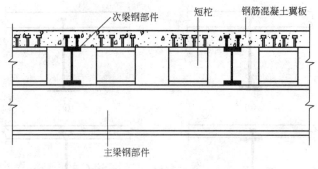

图 1.2-6 带短柁的组合梁

的上翼缘上,在短柁的上翼缘上焊抗剪连接件与混凝土翼板相连。在短柁之间或短柁与次梁之间的空间可让通风道或管线通过,等于实现了风道横穿组合主梁,在结构空间利用上颇有独到之处。同理,如果把工字钢钢部件改换成钢桁架,那么就构成了钢-混凝土组合桁架,甚至是组合空间结构。

1-3 钢-混凝土组合梁的优缺点

组合梁由于能按各组成部件所处的受力位置和特点较大限度地充分发挥各自的材料特性,不但满足了结构的功能要求,而且还有较好的技术经济效益。

概括起来,组合梁有以下优点:

(1) 实践表明,组合梁方案与钢结构方案相比,可以省钢20%～40%,每平方米造价可降低10%～40%。

(2) 组合梁方案与钢梁方案相比,截面刚度大,梁的挠度可减小 1/2～1/3;此外,还可以提高梁的自振频率。国内实践表明,对于某些承受竖向低频振动荷载的大跨平台结构,采用钢梁方案时,可能要发生共振。这时可以在不增大钢梁截面尺寸的前提下,将混凝土楼板与钢梁组合在一起,增大梁的刚度,提高梁的自振频率,避开可能发生的共振频率区。

（3）组合梁方案与钢梁或钢筋混凝土梁方案相比，可以减小结构高度。对于高层房屋结构，若每层减少十几厘米，在总高度不变的情况下可以增加房屋层数，增加房屋的开发面积；如果层数不变，则可以减小房屋的总高度，降低房屋造价。这点，在作结构可行性分析时一定要考虑在内。

（4）组合梁方案与钢筋混凝土梁方案相比，除可省去梁身混凝土外，还可以自由地用焊接固定管线装置。在混凝土电站厂房结构中，埋件用钢量约占全部用钢量的 $3.5\%\sim7\%$，若采用组合梁方案，除可节省大量埋件钢材外，还可以有效地加快设计与施工速度，优点更加突出。

（5）组合梁方案，由于整体性强和抗剪性能好，表现出良好的耐震性能。组合梁一开始出现就大量地在桥梁结构中应用。我国在上世纪 60 年代采用组合梁方案设计建造的某煤矿井塔结构，经受了常年的振动作用；某电厂采用的组合梁平台结构也经受了地震的考验，说明组合梁有良好的耐震性能。

（6）利用钢梁作混凝土楼板的模板支承，对于高度较高的长跨度结构，如栈桥等，优点将更突出。

（7）组合梁方案可用于房屋加固与改建，施工快，承载力高，还可以保证应有的室内净空。

组合梁的不足之处表现为：

1）耐火等级差，对耐火要求高的结构，需要对钢梁涂耐火涂料。

2）在钢梁制作过程中要增加一道焊接抗剪连接件的工艺，要用专门的大功率焊接设备；有的连接件在钢梁就位后还要进行现场校正。此外，在钢梁上焊上连接件后，吊装时不便在其上行走。

1-4 钢-混凝土组合梁发展概况

钢-混凝土组合梁大致可以分为三个发展阶段：

(1) 组合梁大约出现于上世纪的 20 年代。当时主要考虑防火要求在钢梁上外包混凝土,而未考虑两者的组合工作效应。随后在 20 年代至 30 年代期间,出现了钢梁与覆盖的混凝土之间加入各式各样连接件的构造方法。1926 年 J.Kahn 获得组合梁结构的专利权,可以认为是组合梁的创始阶段。

(2) 从上世纪 20 年代至 40 年代可以认为是组合梁发展的第二阶段。这时,对组合梁有了细致、深入、全面的研究和应用;几乎所有技术先进的国家,如美国、英国、德国、加拿大及前苏联等国家都制定了有关组合梁的设计规范或技术规程。最早的组合梁规范大多属于桥梁结构的,美国颁布于 1944 年,德国颁布于 1945 年。前苏联第一座公路的组合梁桥建于 1944 年;日本第一座公路的组合梁桥建于 1955 年。自 1955 年制定规范后便有 80% 的公路钢桥改为组合式的。由此可见,各国应用和研究组合梁的起步几乎差不多,而且都是从桥梁结构开始的。在此期间组合梁的设计理论也逐渐完善了。大致在上世纪 60 年代以前,组合梁基本上是按弹性理论进行分析的,60 年代开始则逐步转为按塑性理论分析。

(3) 从上世纪 70 年代开始,可以认为是组合梁发展的第三阶段。一些主要产钢国家,70 年代曾促进了建筑结构钢的发展并使钢结构一直处于各类结构的领先地位。然而,当组合结构兴起之后,从 70 年代开始,它的发展几乎日趋赶上钢结构,且在一定领域内能够代替钢结构及钢筋混凝土结构。前苏联公路组合式桥的跨度已达 120m,个别的为 154m;各国 30 层以上的高层房屋结构中有 20% 采用了压型钢板组合楼盖,其中也包括了组合梁。组合梁的发展趋势必然吸引了不少学者和工程人员,使他们的注意力转移到这方面来。早在 1960 年美国钢结构协会及钢筋混凝土协会就联合组成了 AISC-ACI 组合梁联合委员会开展工作。更值得注意的是,在国际土木工程师协会联合委员会主持下,于 1971 年成立了由欧洲国际混凝土协会 (CEB)、欧洲钢结构协会 (ECCS)、国际预应力联合会 (FIP) 以及国际桥梁与结构工程师协会（IABSE）共同组成组合结构委员会，并于1981年颁布了组合结构规范，为组合结构的发展及应用作了肯定的总结并展示了新的努力方向。

至于我国，和世界各国相比，组合梁应用的起步也不算太晚，在交通、冶金、电力、煤矿等系统中都有应用。在上世纪50年代建成的南京长江大桥，其上层公路桥的纵梁（跨度18m、梁距1.8m）就采用了组合梁；铁道部还编制了钢筋混凝土板与钢梁联合梁通用图，其中梁的跨度达44m；交通部1974年颁行的公路桥涵设计规范中亦有组合梁的专门条款；沈阳煤矿设计院早在1968年就把组合梁结构用于煤矿井塔结构中；北京钢铁设计研究总院设计并建成了18m跨的吊车梁；哈尔滨市在1987年在松花江上还采用了双层钢模壳组合沉井取水结构，沉井平面尺寸为10.3m×31.3m，内分6格，沉井壁厚650mm，水深13.8m，沉井插入江底10m，采用浮运就位后，不需要"筑岛"，不需要"围堰"，直接在水上水下施工，提前工期1年，与围堰法相比，节省造价45%，与筑岛法相比，不影响航道正常运行。自上世纪70~80年代开始，电力系统及冶金系统厂房中的平台结构采用组合梁结构方案极为广泛。同时，"栓钉"抗剪连接件亦已开始普及；尤其是近20年来，国内经济发展迅速，组合梁在应用领域上及规模上也有很大变化。深圳赛格广场、上海世界金融大厦、金茂大厦等超高层建筑都采用了压型钢板混凝土组合楼盖，造价虽然高了一点，但施工速度快。在桥梁结构上，组合梁更是初露头角，1993年北京市政单位建造了一座三跨（40m+92m+40m）连续组合梁的城市立交桥，因为它的技术经济指标好，又不中断桥下交通，该市随后又建造了此类立交桥多座。而在深圳、长沙、岳阳、海口、鞍山、石家庄、济南、西安等城市，也都有这种形式的组合梁桥的工程实例，其最大跨度已经达到95m。与此同时，国内有关的高等院校、科研院所、设计部门以及建设单位也协作起来进行了积极的引进介绍及系统的研究试验工作，取得一批第一手的试验资料。有鉴于此，我国《钢结构设计规范》GBJ 17—88 在吸取国内外经验和总结工程实践及科研成果的基础上，首次专门设立一章"钢与混凝土组合梁"。尔后，电力系统颁布了行业标准《钢-混凝土组合结构设计规程》1992，建工系统颁布了行业标准《高层民用建筑钢结构技术规程》JGJ 99。在这两本规程中都把组合梁列为主要组成之一，在内容上也有所展开。值得指出，在 2003 年修订后的《钢结构设计规范》GB 50017—2003 中，钢与混凝土组合梁一章又有了长足的进步，如果说当初在 1988 年创建该章时是"立足稳妥，先求其有，后求其全"的话，那么经历了 14 年之后，该章在设计水准上已有了提高，在内容上亦充实了不少，反映了国内先进的技术水平，和国外规范也基本上达到一致。

第二章 基本设计原则及一般规定

2-1 结构设计的功能要求及荷载效应

进行结构设计，就是要使它能满足一定的功能要求，如
(1) 能承受正常施工和正常使用时可能出现的各种作用；
(2) 在正常使用时具有较好的工作性能；
(3) 在正常维护下具有足够的耐久性能；
(4) 在偶然事件发生时和发生后仍能保持必须的整体稳定性。

影响结构能否满足功能要求的外因是外界对结构的作用。"作用"可以分为两大类，一类是指直接以力的形式作用在结构上的作用，如重力、风力、土压力等自然力，通常称为"荷载"；另一类是指不直接以力的形式作用在结构上的作用，如温度差、混凝土收缩、地基变形、地面运动等。

结构或其构件受到外界的作用之后，就要产生"作用效应"(Response)，如内力、应力、位移、应变、裂缝、振幅、加速度等。"作用"与"作用效应"是根本不同的两个概念，前者是指自然界对结构的作用，后者则是指结构对这些作用的响应。Response 的原意也是指响应，可能更确切一些。因为结构设计中所遇到的作用以各种荷载居多，习惯上就把这类作用的效应统称为"荷载效应"；至于间接作用的效应，则往往具体地称为"温度效应"、"混凝土收缩效应"、"地震效应"等，没有统一的称谓。

本书所涉及的作用将以荷载为主，后面所讨论的效应亦将大多限于荷载效应。

2-2 结构的极限状态设计表达式及荷载效应组合

一、结构的极限状态

设计者认为,当结构或结构的一部分超过某一特定状态,而不能满足设计规定的某一功能要求时,则称此特定状态为结构对该功能的"极限状态"(Limite State)。设计中的极限状态往往以结构的某种荷载效应超过相应规定的标志为依据,根据设计要求考虑的结构功能,结构的极限状态在总体上可分为"承载能力极限状态"(Ultimate Limite State,U.L.S)及"正常使用极限状态"(Service Limite State,S.L.S)。对组合梁设计来说,承载能力极限状态一般以结构的内力即将超过其承载能力为依据;正常使用极限状态一般以结构的变形、裂缝或振动参数等即将超过其设计允许的限值为依据。

对所考虑的极限状态,在确定其荷载效应时,应对可能同时出现的诸荷载效应加以组合。考虑到荷载出现的多样性,包括荷载性质的不同,分布位置的不同以及作用方向的不同等,这种组合是多种多样的。因此还必须在所有的可能组合中,取其中最不利的一组作为该极限状态的设计依据。

二、结构承载能力极限状态设计表达式及其荷载效应组合

1. 结构承载能力设计表达式

结构承载能力极限状态设计表达式可简写为

$$\gamma_0 S \leqslant R \tag{2.2-1}$$

式中 γ_0——结构重要性系数,对安全等级为一级、二级及三级的结构构件,分别取 1.1、1.0 及 0.9;一般工业及民用钢结构的安全等级应取为二级,其他特殊建筑钢结构的安全等级应根据具体情况另行确定;

S——荷载效应组合设计值,此处荷载效应是指内力,通常又称为"结构内力组合设计值";

R——结构构件抗力设计值,此处抗力是指构件的极限承载能力,通常又称为"结构构件极限承载能力设计值"。

对于按弹性理论分析的单一材料构件,如钢结构构件,因为适用应力叠加原理,公式(2.2-1)尚可以用应力形式表达如下:

$$\sigma \leqslant f \qquad (2.2\text{-}2)$$

式中 σ——荷载效应(内力)组合的设计值在构件截面或连接中产生的应力,如正应力 σ 及剪应力 τ;

f——材料强度设计值,如抗拉、抗压和抗弯强度设计值 f 及抗剪强度设计值 f_v。

因为组合梁极限承载能力的确定属于本书第五章内容;如何确定组合梁在内力作用下的截面应力属于第四章内容,本节将专门介绍如何确定荷载效应组合的设计值,其主要依据是《建筑结构可靠度设计统一标准》GB 50068—2001。按照规定,对承载能力极限状态的荷载效应组合,应根据所考虑的设计状况,选用不同的组合。对持久和短暂设计状况,应采用"基本组合";对偶然设计状况,应采用"偶然组合"。

2. 基本组合

该项组合是关于第 2-1 节中所指出的第(1)项设计功能要求的组合。

如果荷载与荷载效应(内力)为线性关系,即荷载效应(内力)与荷载成正比关系,则各荷载效应项所乘的分项系数可用荷载分项系数替代。组合还要分如下两种,一种是可变荷载效应控制的组合,一种是永久荷载效应控制的组合,荷载效应组合的设计值就是从这两个组合值中所选取的最不利值。

(1)由可变荷载效应控制的组合

$$S = \gamma_G S_{Gk} + \gamma_{Q1} S_{Q1k} + \sum_{i=2}^{n} \gamma_{Qi} \psi_{ci} S_{Qik} \qquad (2.2\text{-}3)$$

式中 γ_G——永久荷载(恒载)的分项系数,当其效应对结构

不利时，取 1.2；当其效应对结构有利时，取
1.0；对结构的倾覆、滑移或漂浮验算时，取 0.9；

γ_{Qi}——第 i 个可变荷载的分项系数，其中 γ_{Q1} 为在组合中起控制作用的可变荷载的分项系数；一般情况下应取 1.4；对标准值大于 $4.0 kN/m^2$ 的工业房屋楼面结构的活荷载应取 1.3；

S_{Qik}——按第 i 个可变荷载标准值计算的荷载效应值，其中 S_{Q1k} 为诸可变荷载效应中的起控制作用者；

ψ_{ci}——第 i 个可变荷载的组合系数，对于各种楼面及屋面活荷载，按照《建筑结构荷载规范》GB 50009—2001 规定，除书库、通风及电梯机房的楼面取 0.9 外，其余的均取 0.7；

n——参与组合的可变荷载个数。

在上述符号中，S_{Q1k} 定义为诸可变荷载效应中的"起控制作用者"。如果各可变荷载的分项系数 γ_{Qi} 和组合系数 ψ_{ci} 都相同的话，S_{Q1k} 就是诸可变荷载效应中的最大者；如果 γ_{Qi} 及 ψ_{ci} 不尽相同而又难以判断时，可用依次或部分依次试算决定出其中的控制者。在楼面结构中，除了书库、机房等个别情况可能有例外之外，S_{Q1k} 就是最大的可变荷载效应（内力）。S_{Q1k} 又常常称为"主导可变荷载效应"；其余的 S_{Qik}（$i=2 \sim n$）则称为"伴随可变荷载效应"，这些称呼虽不十分严格，但很形象。

（2）由永久荷载效应控制的组合

在该项组合中，参与组合的可变荷载仅限于竖向荷载，其组合形式如下：

$$S = \gamma_G S_{Gk} + \sum_{i=1}^{n} \gamma_{Qi} \psi_{ci} S_{Qik} \qquad (2.2\text{-}4)$$

式中 γ_G——永久荷载分项系数，取 1.35；
其余符号的定义及取值与公式（2.2-3）相同。

3. 偶然组合

偶然设计状况一般是指如发生爆炸、火灾或撞击等事件或事故时的设计状况，地震也应是偶然事件。偶然组合是关于第 2-1 节中所指的第（4）项设计功能要求的组合。

由于偶然荷载的性质差别很大，目前尚难以给出具体统一的设计表达式，只能由专门的标准规范规定。总的原则是：偶然荷载代表值不再考虑荷载分项系数；不必同时考虑两种偶然荷载，与偶然荷载同时出现的其他荷载可根据实测资料及工程经验采用适当的代表值；第三是设计时应区分偶然事件发生时和发生后两种不同设计状况。

三、结构正常使用极限状态设计表达式及其荷载效应组合

1. 结构正常使用极限状态设计表达式

结构正常使用极限状态设计表达式可简写为

$$S \leqslant C \qquad (2.2\text{-}5)$$

式中　S——荷载效应组合的设计值，此处的荷载效应是指结构受了荷载作用后发生的如变形、裂缝、振幅、加速度、应力等响应的统称；

　　　C——结构或构件达到正常使用要求的规定限值，限值名称与设计所考虑的荷载效应相对应。

2. 荷载效应组合

结构正常使用极限状态下的荷载效应组合是关于第 2-1 节中所指的第（2）项设计功能要求的组合。按照规定，当考虑短期效应时，可根据不同设计要求分别采用荷载效应的"标准组合"及"频遇组合"；当考虑长期效应时，可采用"准永久组合"。荷载效应组合的设计值则是这三种组合中的最不利者。对于荷载效应与荷载成正比情况，这三种组合可表达如下。

（1）标准组合

该组合由永久荷载标准值、主导可变荷载标准值以及伴随可变荷载组合值计算所得的荷载效应组成，因为其中主导可变荷载取用荷载标准值，故名"标准组合"，其表达式为

$$S = S_{Gk} + S_{Q1k} + \sum_{i=2}^{n} \psi_{ci} S_{Qik} \qquad (2.2\text{-}6)$$

（2）频遇组合

该组合由永久荷载标准值、主导可变荷载频遇值以及伴随可变荷载准永久值计算所得的荷载效应组成，因为其中主导可变荷载取用荷载频遇值，故称为"频遇组合"，其表达式为

$$S = S_{Gk} + \psi_{f1} S_{Q1k} + \sum_{i=2}^{n} \psi_{qi} S_{Qik} \qquad (2.2\text{-}7)$$

式中 ψ_{f1}——主导可变荷载的频遇值系数，对于楼面结构活荷载，除书库、机房、车库取 0.9 及餐厅厨房取 0.7 外，其他楼面活荷载取 0.5～0.6；

ψ_{qi}——伴随可变荷载（$i=2\sim n$）的准永久值系数，除书库、机房取 0.8、餐厅厨房取 0.7 及车库取 0.6 外，其他楼面活荷载取 0.4～0.5。

（3）准永久组合

该组合由永久荷载标准值及全部可变荷载准永久值计算所得的荷载效应组成，因为全部可变荷载都采用准永久值，故称为"准永久组合"，其表达式为

$$S = S_{Gk} + \sum_{i=1}^{n} \psi_{qi} S_{Qik} \qquad (2.2\text{-}8)$$

在上述三种组合中，已经阐明，荷载组合值系数大致为 0.7，荷载准永久值系数大致为 0.4～0.5。从表面上看，标准组合值应是最大，准永久组合值应是最小；实则不一定，还要从各项可变荷载效应的计算结果来看，结构在标准值或频遇值的可变荷载作用下，其荷载效应（如挠度）应按弹性理论计算，而在准永久值的可变荷载作用下，荷载效应应考虑塑性徐变影响，计算结果将大于弹性分析的，因而准永久组合值有可能反而比标准组合值高；至于频遇组合，当只有一个可变荷载作用时，其组合值

肯定比标准组合的低,若是有多个可变荷载作用则不一定,因为伴随荷载组合值时的短期荷载效应可能比准永久值时的长期荷载效应小。因此,从原则上讲,应该在三种组合计算完成后才能选出其中最大者作为荷载效应组合的设计值,这对各门结构规范而言,确实是一个很现实的问题。对钢结构设计规范,因为结构在使用阶段钢材处于弹性状态,故决定只考虑用标准组合作为荷载效应组合的设计值;对混凝土结构,混凝土是弹塑性材料,由于历史习惯的原因,也有自己专门的考虑,采用按荷载效应标准组合并考虑荷载长期作用影响;对于由混凝土翼板与型钢构成的组合梁,其荷载效应组合设计值如何在这三个组合中的取舍将在后面算例 2.2-3 中讨论并加以明确。

【算例 2.2-1】 某单跨简支梁,跨度 $l=6\mathrm{m}$;自重(永久)荷载标准值 $g_k=8\mathrm{kN/m}$,荷载分项系数 $\gamma_G=1.2$;楼面活(可变)荷载标准值 $p_k=13\mathrm{kN/m}$,荷载分项系数 $\gamma_Q=1.4$;跨中集中作用的吊车(可变)荷载标准值 $P_k=10\mathrm{kN}$,荷载分项系数 $\gamma_Q=1.4$;可变荷载的组合值系数 $\psi_c=0.7$。

求梁的跨中弯矩及支座处剪力由可变荷载效应控制的基本组合。

解:

(1) 跨中弯矩组合

自重作用时

$$M_{gk}=\frac{1}{8}g_k l^2=\frac{1}{8}\times 8\times 6^2=36\mathrm{kN\cdot m}$$

楼面活荷载作用时

$$M_{pk}=\frac{1}{8}p_k l^2=\frac{1}{8}\times 13\times 6^2=58.5\mathrm{kN\cdot m}$$

吊车活荷载作用时

$$M_{Pk}=\frac{1}{4}P_k l=\frac{1}{4}\times 10\times 6=15\mathrm{kN\cdot m}$$

经估计判断，M_{pk} 为主导可变荷载效应，参照公式（2.2-3），梁跨中弯矩由可变荷载效应控制的基本组合为

$$M = \gamma_G M_{gk} + \gamma_{Q1} M_{pk} + \gamma_{Q2} \psi_c M_{Pk}$$
$$= 1.2 \times 36 + 1.4 \times 58.5 + 1.4 \times 0.7 \times 15$$
$$= 139.8 \text{kN} \cdot \text{m}$$

（2）支座边剪力组合

自重作用时

$$V_{gk} = \frac{1}{2} g_k l = \frac{1}{2} \times 8 \times 6 = 24 \text{kN}$$

楼面活荷载作用时

$$V_{pk} = \frac{1}{2} p_k l = \frac{1}{2} \times 13 \times 6 = 39 \text{kN}$$

吊车活荷载作用时

$$V_{Pk} = \frac{1}{2} P_k = \frac{1}{2} \times 10 = 5 \text{kN}$$

经估计判断，V_{pk} 为主导可变荷载效应，参照公式（2.2-3），梁支座边剪力由可变荷载效应控制的基本组合为

$$V = \gamma_G V_{gk} + \gamma_{Q1} V_{pk} + \gamma_{Q2} \psi_c V_{Pk}$$
$$= 1.2 \times 24 + 1.4 \times 39 + 1.4 \times 0.7 \times 5 = 88.3 \text{kN}$$

【算例 2.2-2】 某简支梁，跨度为 l，仅有永久荷载 g_k 及可变荷载 p_k 两项荷载作用，已知可变荷载的分项系数 $\gamma_Q = 1.4$，可变荷载的组合值系数 $\psi_c = 0.7$。

求永久荷载 g_k 为可变荷载的几倍时由永久荷载效应控制的基本组合值才能超过由可变荷载效应控制的基本组合值而成为荷载效应基本组合的设计值？以跨中弯矩组合为例，并讨论之。

解：

设永久荷载值 g_k 为可变荷载值 p_k 的 k 倍，即 $g_k = k p_k$，由公式（2.2-3），此时 γ_G 取 1.2，由可变荷载效应控制的基本组

合为

$$M = \gamma_G M_{gk} + \gamma_Q M_{pk} = 1.2 \times \frac{1}{8} \times k p_k l^2 + 1.4 \times \frac{1}{8} p_k l^2 \quad (a)$$

由公式（2.2-4），此时取 $\gamma_G = 1.35$，由永久荷载效应控制的基本组合为

$$M = \gamma_G M_{gk} + \gamma_Q \psi_c M_{pk} = 1.35 \times \frac{1}{8} \times k p_k l^2 + 1.4 \times 0.7 \times \frac{1}{8} p_k l^2 \quad (b)$$

令（b）式$\geqslant$（a）式，有

$$1.35k + 0.98 \geqslant 1.2k + 1.4$$

解得 $k \geqslant 2.8$，即 $\frac{g_k}{p_k} \geqslant 2.8$。

讨论：对屋面结构，以承受永久（自重）荷载为主，屋面活荷载很小，极有可能取永久荷载效应控制的基本组合值作为荷载效应组合的设计值。至于前面的算例 2.2-1，吊车荷载效应不大，永久荷载对楼面活荷载之比为 8/13，比值明显地达不到 2.8，可以确认由可变荷载效应控制的基本组合值就是荷载效应组合的设计值，不必再作由永久荷载效应控制的基本组合计算。

【算例 2.2-3】 某简支梁，跨度 $l = 6m$；恒载标准值 $g_k = 8kN/m$，楼面活荷载标准值 $p_k = 13kN/m$，组合值系数 $\psi_c = 0.7$，频遇值系数 $\psi_f = 0.6$，准永久值系数 $\psi_q = 0.5$；跨中吊车集中力荷载标准值 $P_k = 10kN$，组合值系数 $\psi_c = 0.7$，频遇值系数 $\psi_f = 0.5$，准永久值系数 $\psi_q = 0.4$；构件在短暂作用下的截面刚度为 B_s，在持久作用下的截面刚度 $B_l = 0.8 B_s$。

求梁跨中挠度组合的设计值并讨论。

解：

恒载 g_k 作用时

因为是持久作用下的弹塑性效应，有

$$\Delta_{gk} = \frac{1}{B_l} \times \frac{5}{384} g_k l^4 = \frac{1}{0.8B_s} \times \frac{5}{384} \times 8 \times 6^4 = 168.75 \text{kN} \cdot \text{m}^3/B_s$$

楼面活荷载 p_k 作用时

（a）短暂作用下的弹性效应

$$\Delta_{pk} = \frac{1}{B_s} \times \frac{5}{384} p_k l^4 = \frac{1}{B_s} \times \frac{5}{384} \times 13 \times 6^4 = 219.38 \text{kN} \cdot \text{m}^3/B_s$$

（b）持久作用下的弹塑性效应

$$\Delta_{pk} = \frac{1}{B_l} \times \frac{5}{384} p_k l^4 = \frac{1}{0.8B_s} \times \frac{5}{384} \times 13 \times 6^4 = 274.22 \text{kN} \cdot \text{m}^3/B_s$$

吊车荷载 P_k 作用时

（a）短暂作用下的弹性效应

$$\Delta_{Pk} = \frac{1}{B_s} \times \frac{1}{48} P_k l^3 = \frac{1}{B_s} \times \frac{1}{48} \times 10 \times 6^3 = 45 \text{kN} \cdot \text{m}^3/B_s$$

（b）持久作用下的弹塑性效应

$$\Delta_{Pk} = \frac{1}{B_l} \times \frac{1}{48} P_k l^3 = \frac{1}{0.8B_s} \times \frac{1}{48} \times 10 \times 6^3 = 56.25 \text{kN} \cdot \text{m}^3/B_s$$

（1）标准组合

由公式（2.2-6），Δ_{pk} 明显地为主导可变荷载效应，且 Δ_{pk} 及 Δ_{Pk} 均为短暂作用的结果，有

$$\Delta = \Delta_{gk} + \Delta_{pk} + \psi_c \Delta_{Pk} = \frac{168.75}{B_s} + \frac{219.38}{B_s} + 0.7 \times \frac{45}{B_s}$$

$$= 419.63 \text{kN} \cdot \text{m}^3/B_s$$

（2）频遇组合

由公式（2.2-7），Δ_{pk} 明显地为主导可变荷载效应且为短暂作用的结果，Δ_{Pk} 为伴随可变荷载效应且为持久作用的结果，有

$$\Delta = \Delta_{gk} + \psi_{f1} \Delta_{pk} + \psi_q \Delta_{Pk} = \frac{168.75}{B_s} + 0.6 \times \frac{219.38}{B_s} + 0.4 \times \frac{56.25}{B_s}$$

$$= 322.88 \text{kN} \cdot \text{m}^3/B_s$$

(3) 准永久组合

由公式（2.2-8），没有主导可变荷载效应，Δ_pk 及 Δ_Pk 均为持久作用的结果，有

$$\Delta = \Delta_\mathrm{gk} + \psi_\mathrm{q}\Delta_\mathrm{pk} + \psi_\mathrm{q}\Delta_\mathrm{Pk} = \frac{168.75}{B_\mathrm{s}} + 0.5 \times \frac{274.22}{B_\mathrm{s}} + 0.4 \times \frac{56.25}{B_\mathrm{s}}$$
$$= 328.36\mathrm{kN} \cdot \mathrm{m}^3/B_\mathrm{s}$$

对比之后，梁的挠度组合设计值为 $419.63\mathrm{kN} \cdot \mathrm{m}^3/B_\mathrm{s}$。

讨论：规范规定的上述三种组合，原则上很严密。三种组合中永久荷载效应项都一样，差别发生在可变荷载效应项上。对标准组合，全部可变荷载效应项均为短暂作用下的弹性效应；对准永久组合，全部可变荷载效应项均为持久作用下的弹塑性效应；而对频遇组合，主导可变荷载效应应为弹性效应，伴随可变荷载效应应为弹塑性效应。再从可变荷载代表值系数来看，已如前述，除了书库、机房等少数楼面外，楼面活荷载的组合值系数 $\psi_\mathrm{c}=0.7 >$ 频遇值系数 $\psi_\mathrm{f}=0.5 \sim 0.6 >$ 准永久值系数 $\psi_\mathrm{q}=0.4 \sim 0.5$，$\psi_\mathrm{f}:\psi_\mathrm{q}$ 大致为 $1.2 \sim 1.25$。综观本算例的三个组合，发现只要可变荷载持久作用下的弹塑性挠度对短暂作用下的弹性挠度之比大于 1.25，标准组合值将大于准永久组合值，而频遇组合值将小于标准组合值而且接近等于准永久组合值。本算例的计算结果：挠度的标准组合值为 $419.63\mathrm{kN} \cdot \mathrm{m}^3/B_\mathrm{s}$，挠度的频遇组合值为 $322.88\mathrm{kN} \cdot \mathrm{m}^3/B_\mathrm{s}$，挠度的准永久组合值为 $328.36\mathrm{kN} \cdot \mathrm{m}^3/B_\mathrm{s}$；频遇组合比标准组合低 23%，而接近等于准永久组合，只小 2%。至于书库、机房等特殊场合，其特点是楼面活荷载的频遇值系数及准永久值系数大，荷载代表值的三个系数相差不多，如书库活荷载的组合值系数 $\psi_\mathrm{c}=0.9$，频遇值系数 $\psi_\mathrm{f}=0.8$，准永久值系数 $\psi_\mathrm{q}=0.8$，其中 $\psi_\mathrm{f}=\psi_\mathrm{q}$。如果持久作用下的弹塑性效应（挠度）对短暂作用下的弹性效应（挠度）之比超过 $1.2 \sim 1.25$，此时准永久组合值将大于标准组合值，而频遇组合值将小于准永久组合值且接近标准组合值。因此，频遇组合基本上不是

处于领先地位。再审视一下组合梁，实算表明，在持久作用下的截面刚度 B_l 对短暂作用下截面刚度 B_s 之比大致为 0.8 左右，也就是长期挠度效应对短期挠度效应之比为 1.25 左右；它以承受楼面活荷载为主，伴随活荷载不大不多甚至没有。因此，对组合梁的挠度组合，建议其频遇组合可以不算，只计算标准组合及准永久组合即可。

2-3 组合梁的材料选用

组合梁所用的材料包括型钢、钢筋、栓钉及混凝土。本节仅介绍对它们的选用及有关的力学指标。

关于结构钢，它的牌号很多，有的还是高强度结构钢，从组合梁设计考虑，不一定全都适用。因为组合梁是按"简单塑性理论"设计的，连续梁还允许作弯矩调幅实现内力重分布，要求钢材具有能充分发挥塑性变形的潜力。

如所周知，屈服强度 f_y、抗拉强度 f_u、伸长率 δ_5 是承重结构钢材必须有的三项合格保证，其中屈服强度是材料设计强度取值的依据，抗拉强度不仅是一般的强度指标，而且直接反映钢材内部组织的优劣，伸长率则属于衡量材料塑性的指标，所以首先应该从这三项保证上对钢材提出具体的要求。例如，《钢结构设计规范》GB 50017 塑性设计一章中规定："按塑性设计时，钢材的力学性能应满足强屈比 $f_u/f_y \geqslant 1.2$，伸长率 $\delta_5 \geqslant 15\%$，相应于抗拉强度 f_u 的应变 ε_u 不小于 20 倍屈服点应变 ε_y。"《高层民用建筑钢结构技术规程》JGJ 99 也规定："抗震结构钢材的强屈比不应小于 1.2；应有明显屈服台阶；伸长率应大于 20%；应有良好的可焊性。"如果用前两条规定评价，Q390 钢和 Q420 钢就通不过，主要是钢材伸长率达不到要求，也就是塑性差一点。所以组合梁也是以采用 Q345 等级 B、C、D、E 的低合金高强度结构钢为宜。A 级钢等级最低，它不要求任何冲击试验值，还不保证焊接要求的含碳量，故不用；反之，E 级钢等级最高，等级愈高，钢材中硫磷含量愈少，但价格也高，可根据需要选用。当然，采用 Q235 钢也是可以的。这些钢材的弹性模量 $E=206\times 10^3 \text{N/mm}^2$，它们的强度见表 2.3-1。

设计用钢材的强度及弹性模量值（N/mm²）　　表 2.3-1

钢材牌号	钢板厚度（mm）	抗拉强度 f_u	屈服强度 f_y	强度设计值		
				抗拉、抗压、抗弯 f	抗剪 f_u	端面承压(刨平顶紧) f_{ce}
Q235	≤16	375	235	215	125	325
	>16~40		225	205	120	
	>40~60		215	200	115	
	>60~100		205	190	110	
Q345	≤16	470	345	310	180	400
	>16~35		325	295	170	
	>35~50		295	265	155	
	>50~100		275	250	145	

钢筋种类在《混凝土结构设计规范》GB 50010 中用代表生产工艺及表面形状的英文缩写表示，如 HPB 代表热轧光面钢筋 Hot Rolled Plain Steel Bar，HRB 代表热轧带肋钢筋 Hot Rolled Ribbed Steel Bar，以及其他等；英文缩写后的数字代表屈服强度标准值。楼板及组合梁中常用的钢筋为 HPB235 及 HRB335。HPB235 主要用于分布钢筋及箍筋，HRB335 用于受力筋，它们的强度值见表 2.3-2。

设计用钢筋的强度及弹性模量值（N/mm²）　　表 2.3-2

种类	符号	屈服强度 f_y	强度设计值		弹性模量 E_s
			受拉 f_{st}	受压 f'_{st}	
HPB235	ϕ	235	210	210	210×10^3
HRB335	Φ	335	300	300	200×10^3

至于栓钉材料，有国家标准《圆柱头焊钉》GB/T 10433，大致与 Q235 相当，屈服强度标准值为 240N/mm²，强屈比等于 1.67。

混凝土的强度等级主要取决于楼板设计要求。对于一般受弯构件，尤其是板类构件，没有必要用强度等级很高的混凝土，楼板及组合梁结构的混凝土强度等级宜采用C20～C25，不应低于C15，也不宜超过C30。混凝土的强度及弹性模量值见表2.3-3。

设计用混凝土的强度及弹性模量值（N/mm²）　　　表2.3-3

强度等级	强度标准值		强度设计值		弹性模量 E_c
	轴心抗压 f_{ck}	抗拉 f_{tk}	轴心抗压 f_c	抗拉 f_t	
C15	10.0	1.27	7.2	0.91	22×10^3
C20	13.4	1.54	9.6	1.10	25.5×10^3
C25	16.7	1.78	11.9	1.27	28×10^3
C30	20.1	2.01	14.3	1.43	30×10^3

2-4　组合梁中钢梁的板件宽厚比

钢梁是由上下翼缘、腹板等板件构成的，愈宽愈薄的板件愈可能局部失稳，导致钢梁的承载力下降。即便是塑性性能良好的钢材在此时其塑性优势也不能充分发挥，钢梁塑性铰转动能力也可能达不到要求，故对钢梁板件的宽厚比要加以控制。参照《钢结构设计规范》塑性设计方面的规定，钢梁翼缘及腹板的板件宽厚比应符合表2.4-1规定的要求。有关的试验旁证见后面的第5-6节。

在表2.4-1中，A_{st}为负弯矩截面混凝土翼板计算宽度范围内的钢筋截面面积；f_{st}为钢筋的强度设计值；A为钢梁截面面积；f为钢梁钢材的强度设计值；f_y为钢梁钢材的屈服强度。

板件宽厚比满足塑性设计限制条件的钢截面称为"厚实截面"（Compact Section）。在具体设计时，要注意以下几点基本概念：

梁翼缘及腹板的板件宽厚比　　　　表 2.4-1

截面形式	翼缘	腹板
	$\dfrac{b}{t} \leqslant 9\sqrt{\dfrac{235}{f_y}}$ $\dfrac{b_0}{t} \leqslant 30\sqrt{\dfrac{235}{f_y}}$	当 $\dfrac{A_{st}f_{st}}{Af} < 0.37$ $\dfrac{h_0}{t_w} \leqslant \left(72 - 100\dfrac{A_{st}f_{st}}{Af}\right)\sqrt{\dfrac{235}{f_y}}$ 当 $\dfrac{A_{st}f_{st}}{Af} \geqslant 0.37$ $\dfrac{h_0}{t_w} \leqslant 35\sqrt{\dfrac{235}{f_y}}$

（a）表 2.4-1 中关于板件宽厚比的限制条件，主要是针对连续组合梁的负弯矩截面；对于正弯矩截面，钢部件以受拉为主，基本上不存在局部失稳问题。

（b）在表 2.4-1 的限制条件公式中，$A_{st}f_{st}$ 为负弯矩截面混凝土翼板内配筋的拉力设计值，对同一截面中的下部钢部件而言，$N = A_{st}f_{st}$ 的反作用力就是作用在钢部件上的轴向压力，该轴向压力恶化了腹板局部失稳。所以 $\dfrac{A_{st}f_{st}}{Af}$ 值愈大，表 2.4-1 中对腹板宽厚比的限制要求愈严，详细解释见后面的第 5-2 节。

（c）表 2.4-1 中的限制要求对钢板焊成的组合钢板梁有更多的现实意义；对普通热轧工字型钢，板件局部稳定问题基本上有保证；但组合梁中不宜采用轻型工字型钢。

2-5 组合梁截面混凝土翼板的计算宽度

对于钢筋混凝土翼板过宽的组合梁，受弯时沿翼板宽度方向的压应力分布是不均匀的，在钢梁竖轴处压应力最大，离开钢梁竖轴远处的压应力由于剪变滞后的原因将逐渐减小。此外，如果翼板厚度较小，在远离钢梁竖轴的部分翼板，还会因翼板受压局部失稳（压屈）而退出工作。为了便于计算，一般用翼板的计算宽度 b_e 代替实际宽度，并且在计算宽度内认为压应力是均匀分布的。翼板计算宽度 b_e 有时又叫做翼板有效宽度，见图 2.5-1。

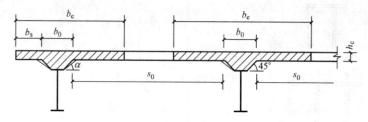

图 2.5-1 组合梁混凝土翼板的计算宽度

组合梁截面的混凝土翼板计算宽度 b_e 和《混凝土结构设计规范》GB 50010—2002 的规定基本上是一致的。对组合内梁及边梁，可按以下公式分别计算，并各取其中的最小值。

对组合内梁

$$b_e = l/3 \quad (2.5\text{-}1a)$$
$$b_e = b_0 + 12h_c \quad (2.5\text{-}1b)$$
$$b_e = b_0 + s_0 \quad (2.5\text{-}1c)$$

对组合边梁

$$b_e = b_s + l/6 \quad (2.5\text{-}2a)$$
$$b_e = b_s + b_0 + 6h_c \quad (2.5\text{-}2b)$$
$$b_e = b_s + b_0 + s_0/2 \quad (2.5\text{-}2c)$$

式中　l——梁的计算跨度；

　　　b_0——板托顶部宽度，当板托倾角 $\alpha < 45°$ 时，按 $\alpha = 45°$ 计算；当无板托时，取等于钢梁上翼缘宽度；

　　　b_s——组合边梁混凝土翼板的外伸长度，当 $b_s \geqslant 6h_c$ 时，取 $b_s = 6h_c$；当 $b_s \geqslant l/6$ 时，取 $b_s = l/6$；

　　　s_0——钢梁上翼缘或板托间净距；

　　　h_c——混凝土翼板的计算厚度，对普通钢筋混凝土翼板，取原厚度；对压型钢板混凝土组合板翼板，按《钢结构设计规范》GB 50017 规定,取压型钢板混凝土组合板有肋处的总厚度。

尚须指出,以上所指的翼板计算(有效)宽度是指最大弯矩截面而言。事实上翼板的有效工作宽度是变化的,以单跨简支梁为例,在支座截面处 $b_e = b_0$;在跨中截面处,如果板厚 h_c 及梁的净距 s_0 足够大,条件允许,b_e 可以达到 $l/3$。如果是多跨连续梁,则差别更大,按《公路钢筋混凝土及预应力混凝土桥涵设计规范》JTG D62—2004 规定:各中间跨正弯矩区段 b_e 取该跨计算跨度的 0.2 倍 ($l/5$);边跨正弯矩区段 b_e 取该跨计算跨度的 0.27 倍 ($l/3.7$);各中间支座负弯矩区段 b_e 取相邻两跨跨度之和的 0.07 倍(等跨时为 $l/7.1$)。

再看欧洲 Eurocode 4[7] 关于混凝土翼板计算宽度 b_e 的规定与我国基本相同,只是无板托时公式中 b_0 不是取等于钢梁上翼缘宽度,而是等于梁内连接件的外包轮廓宽度;该规范对连续组合梁亦有关于 b_e 的专门规定。

2-6 组合梁混凝土翼板的等效换算宽度

为了梁的应力分析或变形计算,需要将由两种材料(钢与混凝土)构成的组合梁截面转换成单质(钢)的换算截面,原则是按总力相等及应变相同条件将混凝土翼板的计算宽度 b_e 折算成钢质的等效换算宽度 b_{eq},翼板的厚度保持不变,见图 2.6-1。

(1) 荷载短暂作用时

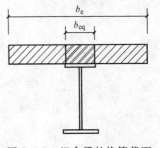

图 2.6-1 组合梁的换算截面

$$b_{eq} = \frac{b_e}{\alpha_E} \quad (2.6-1)$$

(2) 荷载持续作用时

$$b_{eq} = \frac{b_e}{2\alpha_E} \qquad (2.6\text{-}2)$$

式中 α_E——钢材弹性模量 E 对混凝土弹性模量 E_c 的比值，$\alpha_E = E/E_c$。

以上两个公式，前者因为是荷载短暂作用，混凝土可视作理想弹性体，故两种材料的模量比值 $E/E_c = \alpha_E$，换算比为 $1/\alpha_E$；而后者则因为是荷载持续作用，混凝土发生塑性徐变，处于弹塑工作状态，应该用弹塑模量（又叫割线模量）E'_c 替代弹性模量 E_c。如果从实际出发取 $E'_c = 0.5E_c$，则两种材料的模量比值将为 $E/E'_c = E/(0.5E_c) = 2\alpha_E$，也就是将换算比改为 $1/(2\alpha_E)$。

永久荷载及准永久值的可变荷载属于持续作用，应按公式 (2.6-2) 计算翼板的等效换算宽度 b_e；标准值或频遇值的可变荷载属于短暂作用，应按公式 (2.6-1) 计算翼板的等效换算宽度 b_e。

关于换算比的详细证明，将在后面第 4-2 节展开阐述。

第三章 多跨连续组合梁的内力分析

3-1 概　　述

钢梁通过连接件叠合混凝土翼板形成组合梁后，其正弯矩抗弯能力及截面刚度均比原来钢梁有成倍的增长，所以组合梁特别适用于单跨简支梁。但是梁做成多跨连续梁之后，可以提高负载能力、增加刚度，或增大应用跨度。尽管连续组合梁在某些方面尚有一些问题有待深入研究，但现有的研究成果和经验表明，组合梁做成多跨连续形式是可行的，有时甚至是必须的。

人们对连续组合梁所关心的问题有：梁的正弯矩区段与负弯矩区段的工作截面差异较大；第一内支座外侧所受的弯矩作用及剪力作用同时为最大，其中剪力作用比同跨简支梁的还要大 10%～15%，该处是弯剪二维受力状态；还有就是负弯矩区段钢梁的稳定问题。本章先专门介绍第一个问题，其内力分析方法及内力分布均有一些特色，能给人们新的启迪。

连续组合梁的内力分析方法分：弹性分析法和塑性分析法两种，后者在规范内虽有原则性的规定，但因经验尚不太多，设计时各方面的考虑应该更周详一些。

进行组合梁内力分析时尚应注意施工条件，具体的规定为：

(1) 如果施工时在钢梁下面设置临时支承，若梁的跨度超过 7m，设有不少于 3 个支承点，或若梁的跨度不超过 7m，设有 1～2 个支承点。此时，全部作用由组合截面承担。

(2) 如果施工时在钢梁下面不设置临时支承，则应分阶段考虑。在混凝土强度达到其设计强度等级的 0.75 倍以前，组合梁的自重及其上的施工荷载单独由钢梁承受,按《钢结构设计规范》的规定计算其应力、挠度及稳定性,应力值及挠度值应留有充分余地;跨中挠度不应超过 25mm,以免因钢梁下凹而增加混凝土用量及自重,或者钢梁要预留反拱;当混凝土强度达到设计强度等级的 0.75 倍之后,其后的一切作用均按组合梁考虑。

3-2 连续组合梁的工作截面

以等截面杆件的五等跨连续梁为例,它在满布均布荷载下的弯矩图如图 3.2-1。这种常见的计算分析结果将给组合梁设计带来不少困扰。

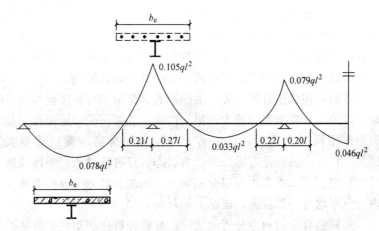

图 3.2-1 五等跨连续梁的弯矩图及组合梁的工作截面

首先,在连续梁的正弯矩区段和负弯矩区段组合梁的工作截面是不同的。在正弯矩区段,混凝土翼板受压,是一种理想的由两种材料构成的组合工作截面,其抗弯承载能力可比下面的钢梁(钢部件)提高 80%~90% 或更多;而在负弯矩区段,混凝土翼板受拉而退出工作,只得在其中配置钢筋来支援下面的钢梁,由于配筋量有所限制,配筋后的截面抗弯承载力约比原来钢梁提高 40% 左右。

再看荷载效应，第一内支座截面负弯矩绝对值最大，为 $0.105ql^2$，边跨跨中截面正弯矩为 $0.078ql^2$，截面抗力与荷载效应十分不协调，抗力小的截面所受的弯矩大，抗力大的截面受的弯矩小，甚至在第二跨跨中截面的荷载弯矩只有 $0.033ql^2$，钢梁独自承担足矣，可以无求于混凝土翼板出力。

因此，为了真实地反映结构实际工况，同时也是为了缓解截面抗力与荷载效应之间的矛盾，连续组合梁应该采取更为科学的分析方法，把支座负弯矩减小，把跨中正弯矩增大，实现工作截面抗力与荷载效应基本统一。

3-3 单跨变截面组合梁的位移计算公式

连续组合梁由于在正负弯矩区段内工作截面不同的缘故，它是变截面刚度的梁，见图 3.4-1。对正弯矩区段的工作截面，截面刚度以换算截面的 EI_{eq} 计，记作 B，其中 E 为钢材弹性模量，I_{eq} 为换算截面惯性矩；而对于负弯矩区段的工作截面，截面刚度应按单质的配筋钢梁计算，后者的截面刚度比前者的小，内力分析时其截面刚度以 B/α 表示，$\alpha>1$；至于图 3.4-1a 中的反映反弯点位置的系数 β，与荷载形式及作用点位置、梁的跨数和梁跨序号等因素有关，$\beta<1$。

作为内力分析的一项基础性工作，取单跨梁作为计算单元。在集中力，端弯矩以及均布荷载作用下，梁的中点挠度 Δ 以及梁端转角 θ 的计算公式现已导出，列于表 3.3。表中分两种梁，一种是一端有负弯矩区段的单跨梁，适用于连续梁的边跨，见表 3.3-1，其中的公式为 1-1～1-7；另一种是两端有负弯矩区段的单跨梁，适用于连续梁的内跨，见表 3.3-2，其中的公式为 2-1～2-10；公式以 α 及 β 为参数；集中力作用时，作用点相对位置系数 ξ_a 及 ξ_b 也是变量，$\xi_a=a/l$，$\xi_b=b/l$；ξ_a 永远邻近"i"端。

表 3.3-1 及表 3.3-2 中的位移计算公式十分繁琐，不便应用，联想到如果将参数 β 取成一个定值，消除掉公式中一个参

位移计算公式   表 3.3-1

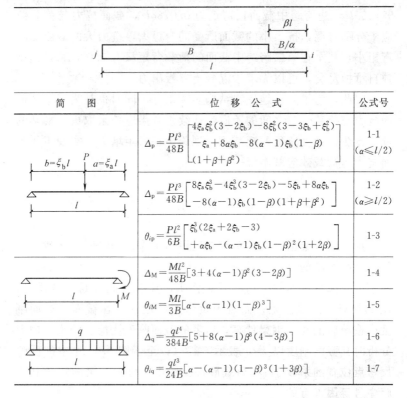

简　图	位　移　公　式	公式号
(P, $b=\xi_b l$, $a=\xi_a l$, 跨度 l)	$\Delta_p = \dfrac{Pl^3}{48B}\begin{bmatrix}4\xi_a\xi_b^2(3-2\xi_b)-8\xi_b^2(3-3\xi_b+\xi_b^2)\\-\xi_a+8\alpha\xi_b-8(\alpha-1)\xi_b(1-\beta)\\(1+\beta+\beta^2)\end{bmatrix}$	1-1 ($\alpha \leqslant l/2$)
	$\Delta_p = \dfrac{Pl^3}{48B}\begin{bmatrix}8\xi_a\xi_b^3-4\xi_b^3(3-2\xi_b)-5\xi_b+8\alpha\xi_b\\-8(\alpha-1)\xi_b(1-\beta)(1+\beta+\beta^2)\end{bmatrix}$	1-2 ($\alpha \geqslant l/2$)
	$\theta_{ip}=\dfrac{Pl^2}{6B}\begin{bmatrix}\xi_b^3(2\xi_a+2\xi_b-3)\\+\alpha\xi_b-(\alpha-1)\xi_b(1-\beta)^2(1+2\beta)\end{bmatrix}$	1-3
(M)	$\Delta_M=\dfrac{Ml^2}{48B}[3+4(\alpha-1)\beta^2(3-2\beta)]$	1-4
	$\theta_{iM}=\dfrac{Ml}{3B}[\alpha-(\alpha-1)(1-\beta)^3]$	1-5
(q 均布)	$\Delta_q=\dfrac{ql^4}{384B}[5+8(\alpha-1)\beta^3(4-3\beta)]$	1-6
	$\theta_{iq}=\dfrac{ql^3}{24B}[\alpha-(\alpha-1)(1-\beta)^3(1+3\beta)]$	1-7

数，就可以把计算公式大大简化。由图 3.2-1 已知，第 1、2、3 跨的 β 值分别为 0.21、0.27、0.22、0.20，由于今后连续组合梁要按变截面刚度分析，支座弯矩将有所减小，再加上对支座弯矩作调幅降低，β 值必定在 0.2 以下，故欧洲钢结构协会 ECCS《组合结构规范》规定，在距中间支座 $0.15l$ 范围内确定梁截面刚度时，不应考虑混凝土翼板的存在，但翼板中有效宽度范围内的钢筋应计入。即承认 $\beta=0.15$。

应该指出，对于均布荷载或跨内匀称地作用多个集中荷载，取 $\beta=0.15$ 是合适的。要是在跨内中点仅有一个集中荷载或者虽有两个集中荷载但都距支座太近，β 值可能与 0.15 出入较大，

前者 $\beta > 0.15$,后者 $\beta < 0.15$。不过这些情况终究是少数,要是其弯矩所占的比重不大,建议不究。

位移计算公式　　　　　　　　表 3.3-2

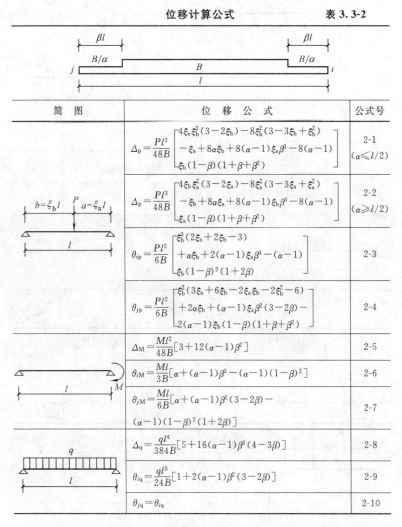

简　图	位　移　公　式	公式号
	$\Delta_p = \dfrac{Pl^3}{48B}\begin{bmatrix}4\xi_a\xi_b^2(3-2\xi_b)-8\xi_b^2(3-3\xi_b+\xi_b^2)\\-\xi_a+8\alpha\xi_b+8(\alpha-1)\xi_a\beta^3-8(\alpha-1)\\\xi_b(1-\beta)(1+\beta+\beta^2)\end{bmatrix}$	2-1 ($\alpha \leqslant l/2$)
	$\Delta_p = \dfrac{Pl^3}{48B}\begin{bmatrix}4\xi_b\xi_a^2(3-2\xi_a)-8\xi_a^2(3-3\xi_a+\xi_a^2)\\-\xi_b+8\alpha\xi_a+8(\alpha-1)\xi_b\beta^3-8(\alpha-1)\\\xi_a(1-\beta)(1+\beta+\beta^2)\end{bmatrix}$	2-2 ($\alpha \geqslant l/2$)
	$\theta_{ip} = \dfrac{Pl^2}{6B}\begin{bmatrix}\xi_b^3(2\xi_a+2\xi_b-3)\\+\alpha\xi_b+2(\alpha-1)\xi_a\beta^3-(\alpha-1)\\\xi_b(1-\beta)^2(1+2\beta)\end{bmatrix}$	2-3
	$\theta_{jp} = \dfrac{Pl^2}{6B}\begin{bmatrix}\xi_b^2(3\xi_a+6\xi_b-2\xi_a\xi_b-2\xi_b^2-6)\\+2\alpha\xi_b+(\alpha-1)\xi_a\beta^2(3-2\beta)-\\2(\alpha-1)\xi_b(1-\beta)(1+\beta+\beta^2)\end{bmatrix}$	2-4
	$\Delta_M = \dfrac{Ml^2}{48B}[3+12(\alpha-1)\beta^2]$	2-5
	$\theta_{iM} = \dfrac{Ml}{3B}[\alpha+(\alpha-1)\beta^3-(\alpha-1)(1-\beta)^3]$	2-6
	$\theta_{jM} = \dfrac{Ml}{6B}[\alpha+(\alpha-1)\beta^2(3-2\beta)-$ $(\alpha-1)(1-\beta)^2(1+2\beta)]$	2-7
	$\Delta_q = \dfrac{ql^4}{384B}[5+16(\alpha-1)\beta^3(4-3\beta)]$	2-8
	$\theta_{iq} = \dfrac{ql^3}{24B}[1+2(\alpha-1)\beta^2(3-2\beta)]$	2-9
	$\theta_{jq} = \theta_{iq}$	2-10

基于上述,以表 3.3-1 及表 3.3-2 中的公式为依据,以 $\beta = 0.15$ 为前提,ξ_a 及 ξ_b 也是用常用的位置系数,简化后的公式分别列于表 3.3-3 及表 3.3-4,其中公式号分别为 3-1～3-6 及 4-1～4-9。

位移计算公式 表3.3-3

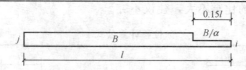

简 图	位 移 公 式	公式号
	$\Delta_p = \dfrac{Pl^3}{48B}(1.6776+0.0270\alpha)$	3-1
	$\theta_{ip} = \dfrac{Pl^2}{6B}(0.6060+0.0607\alpha)$	3-2
	$\Delta_M = \dfrac{Ml^2}{16B}(0.9190+0.0810\alpha)$	3-3
	$\theta_{iM} = \dfrac{Ml}{3B}(0.6141+0.3859\alpha)$	3-4
	$\Delta_q = \dfrac{ql^4}{384B}(4.9041+0.0959\alpha)$	3-5
	$\theta_{iq} = \dfrac{ql^3}{24B}(0.8905+0.1095\alpha)$	3-6

位移计算公式 表3.3-4

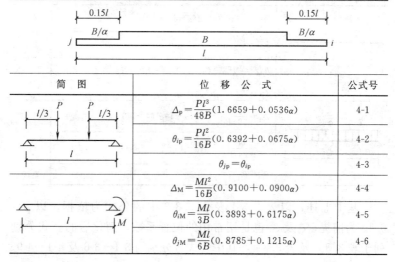

简 图	位 移 公 式	公式号
	$\Delta_p = \dfrac{Pl^3}{48B}(1.6659+0.0536\alpha)$	4-1
	$\theta_{ip} = \dfrac{Pl^2}{16B}(0.6392+0.0675\alpha)$	4-2
	$\theta_{jp} = \theta_{ip}$	4-3
	$\Delta_M = \dfrac{Ml^2}{16B}(0.9100+0.0900\alpha)$	4-4
	$\theta_{iM} = \dfrac{Ml}{3B}(0.3893+0.6175\alpha)$	4-5
	$\theta_{jM} = \dfrac{Ml}{6B}(0.8785+0.1215\alpha)$	4-6

续表

简 图	位 移 公 式	公式号
(梁，均布荷载 q，跨度 l)	$\Delta_q = \dfrac{ql^4}{384B}(4.8083+0.1917\alpha)$	4-7
	$\theta_{iq} = \dfrac{ql^3}{24B}(0.8785+0.1215\alpha)$	4-8
	$\theta_{jq} = \theta_{iq}$	4-9

3-4 多跨连续组合梁的内力分析

拟用结构力学"力法"求解。

第一步 首先按表 3.3-3 中的公式（3-4）及表 3.3-4 中的公式（4-5）及（4-6），设 EI_{eq}（或 B）=1，令 $M=1$，求梁端的柔性系数。

对边跨梁，由公式（3-4），有

$$\delta_{ii} = \frac{l}{3}(0.6141+0.3859\alpha) \tag{3.4-1}$$

对中跨梁，由公式（4-5）及（4-6），有

$$\delta_{ii} = \frac{l}{3}(0.3893+0.6175\alpha) \tag{3.4-2}$$

及

$$\delta_{ij} = \frac{l}{6}(0.8785+0.1215\alpha) \tag{3.4-3}$$

第二步 将超静定的变截面刚度连续梁化成基本静定体系，在切口处暴露出待定内力。现以全部承受均布荷载 q 的三跨连续梁为例示于图 3.4-1，待定的未知内力为 M_1 及 M_2。

第三步 根据变形协调原则建立关于未知量 M_1 及 M_2 的典型方程

$$\left.\begin{array}{l} M_1\delta_{11}+M_2\delta_{12}+\theta_{1q}=0 \\ M_1\delta_{21}+M_2\delta_{22}+\theta_{2q}=0 \end{array}\right\} \tag{3.4-4}$$

式中　δ_{11} 及 δ_{12}——分别在 $M_1=1$ 及 $M_2=1$ 作用下，在基本体

系截面①处的梁端相对转角；

δ_{21} 及 δ_{22}——分别在 $M_1=1$ 及 $M_2=1$ 作用下，在基本体系截面②处的梁端相对转角；

θ_{1q} 及 θ_{2q}——在均布荷载 q 作用下，分别在基本体系截面①及截面②处的梁端相对转角。

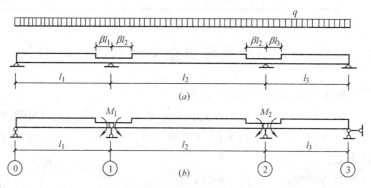

图 3.4-1 三跨连续变截面刚度组合梁及其基本静定体系
(a) 计算简图；(b) 基本静定体系

具体地可表示为：

$$\delta_{11} = \frac{l_1}{3}(0.6141 + 0.3859\alpha) + \frac{l_2}{3}(0.3893 + 0.6175\alpha) \quad (3.4\text{-}5)$$

$$\delta_{22} = \frac{l_2}{3}(0.3893 + 0.6175\alpha) + \frac{l_3}{3}(0.6141 + 0.3859\alpha) \quad (3.4\text{-}6)$$

$$\delta_{12} = \delta_{21} = \frac{l_2}{6}(0.8785 + 0.1215\alpha) \quad (3.4\text{-}7)$$

$$\theta_{1q} = -\left[\frac{ql_1^3}{24}(0.8905 + 0.1095\alpha) + \frac{ql_2^3}{24}(0.8785 + 0.1215\alpha)\right]$$

$$(3.4\text{-}8)$$

$$\theta_{2q} = -\left[\frac{ql_2^3}{24}(0.8785 + 0.1215\alpha) + \frac{ql_3^3}{24}(0.8905 + 0.1095\alpha)\right]$$

$$(3.4\text{-}9)$$

第四步 对每跨按静定进行内力分析，计算时将 M_1 及 M_2

也作为梁端弯矩作用考虑在内。

【算例 3.4-1】 某三等跨的楼盖连续组合梁,跨度 $l=9\text{m}$,梁距 3m;板厚 $h_c=100\text{mm}$,混凝土强度等级 C20,弹性模量 $E_c=25.5\times10^3\text{N/mm}^2$;钢梁采用 Q235 钢的 I32b 工字钢,截面面积 $A=7340\text{mm}^2$,截面惯性矩 $I=116\times10^6\text{mm}^4$,弹性模量 $E=206\times10^3\text{N/mm}^2$;永久荷载设计值 $g=10.67\text{kN/m}$,可变荷载设计值 $p=18.90\text{kN/m}$。

求该梁的弯矩内力。

解:

(1) 求截面几何特征

由公式 (2.5-1b) 确定混凝土翼板计算宽度,$b_e=b_0+12h_c=132+12\times100=1332\text{mm}$,实际取用 1330mm,其中 b_0 为钢梁的翼缘宽度,$b_0=132\text{mm}$。

(a) 可变荷载作用时正弯矩区段梁的换算截面

钢材对混凝土的弹性模量比 $\alpha_E=E/E_c=206/25.5=8.08$

混凝土翼板的等效宽度,由公式 (2.6-1),

$$b_{eq}=\frac{b_e}{\alpha_E}=\frac{1330}{8.08}=165\text{mm}$$

换算截面见图 3.4-2 (a)。

截面形心轴距梁底的距离

$$y_{sc}=\frac{165\times100\times370+7340\times160}{165\times100+7340}=305\text{mm}$$

截面形心轴距混凝土翼板顶面的距离 $=420-305=115\text{mm}$

截面惯性矩

$$\begin{aligned}I_{eq}&=\frac{1}{12}\times165\times100^3+165\times100(115-50)^2+\\&\quad 116\times10^6+7340(305-160)^2\\&=353.78\times10^6\text{mm}^4\end{aligned}$$

(按:是钢梁截面惯性矩的 3.05 倍!)

(b) 永久荷载作用时正弯矩区段梁的换算截面

混凝土翼板的等效宽度，由公式（2.6-2），

$$b_{eq}=\frac{b_e}{2\alpha_E}=\frac{1330}{2\times 8.08}=82\text{mm}$$

换算截面见图 3.4-2 (b)。

截面形心轴距梁底的距离

$$y_{sc}=\frac{82\times 100\times 370+7340\times 160}{82\times 100+7340}=271\text{mm}$$

截面形心轴距混凝土翼板顶面的距离 $=420-271=149$ mm

截面惯性矩

$$\begin{aligned}I_{eq}&=\frac{1}{12}\times 82\times 100^3+82\times 100(149-50)^2+\\&\quad 116\times 10^6+7340(271-160)^2\\&=293\cdot 63\times 10^6\text{mm}^4\end{aligned}$$

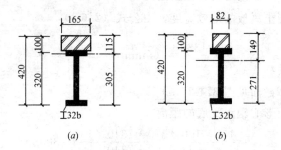

图 3.4-2 正弯矩区段梁的换算截面
(a) 可变荷载作用时；(b) 永久荷载作用时

(c) 负弯矩区段梁的单质截面

设混凝土翼板内配置钢筋截面面积 $A_{st}=0.2A=0.2\times 7340=1468\text{mm}^2$。

钢筋截面形心距混凝土翼板顶面距离为 30mm。

单质截面见图 3.4-3。截面形心轴距梁底的距离

$$y_{sc} = \frac{1468 \times (420-30) + 7340 \times 160}{1468 + 7340} = 198 \text{mm}$$

截面形心轴距混凝土翼板顶面的距离 $= 420 - 198 = 222$mm

截面惯性矩

$$I_{eq} = 1468 \times (222-30)^2 + 116 \times 10^6 + 7340 \times (198-160)^2$$
$$= 180.72 \times 10^6 \text{mm}^4$$

（2）内力分析

（a）永久荷载 g 作用在梁的第 1、2、3 跨时，$g = 10.67$kN/m。

$$\alpha = \frac{跨中截面刚度}{支座截面刚度}$$
$$= \frac{293.63}{180.72} = 1.62$$

设正弯矩区段截面刚度为"1"，则负弯矩区段相应的截面刚度为"1/1.62"；在

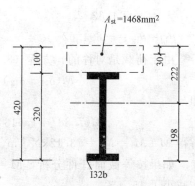

图 3.4-3 负弯矩段梁的单质截面

内支座每侧负弯矩区长度 $= 0.15l = 0.15 \times 9 = 1.35$m。

梁的计算简图见图 3.4-4（a）。

由公式（3.4-5）、公式（3.4-6），令 $l_1 = l_2 = l_3 = l = 9$m，有

$$\delta_{11} = \delta_{22} = \frac{l}{3}(0.3893 + 0.6175\alpha) + \frac{l}{3}(0.6141 + 0.3859\alpha)$$
$$= \frac{l}{3}(1.0034 + 1.0034\alpha) = \frac{9}{3}(1.0034 + 1.0034 \times 1.62)$$
$$= 7.887$$

由公式（3.4-7），令 $l_2 = l = 9$m，有

$$\delta_{12} = \delta_{21} = \frac{l}{6}(0.8785 + 0.1215\alpha)$$
$$= \frac{9}{6}(0.8785 + 0.1215 \times 1.62) = 1.613$$

由公式（3.4-8）令 $l_1=l_2=l=9\mathrm{m}$，将 q 改为 g，$g=10.67\mathrm{kN/m}$，有

$$\theta_{1g}=-\left[\frac{gl^3}{24}(0.8905+0.1095\alpha)+\frac{gl^3}{24}(0.8785+0.1215\alpha)\right]$$

$$=-\frac{gl^3}{24}(1.7690+0.2310\alpha)=-\frac{10.67\times 9^3}{24}(1.769+0.231\times 1.62)$$

$$=-694.62$$

$\theta_{2g}=\theta_{1g}=-694.62$

由于荷载是对称的，方程（3.4-4）中的 $M_1=M_2=M$，则

$$M(\delta_{11}+\delta_{12})+\theta_{1g}=0$$

即

$$M(7.887+1.613)-694.62=0$$

解得 $M=M_1=M_2=73.12\mathrm{kN\cdot m}$。

如果按等截面杆件分析，$M=0.100gl^2=86.43\mathrm{kN\cdot m}$，现在减小了 15.4%。

梁的弯矩图见图 3.4-4（b），单位 $\mathrm{kN\cdot m}$。

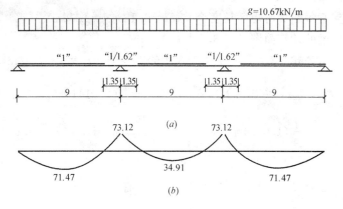

图 3.4-4　算例 3.4-1，情况 a
(a) 计算简图；(b) 弯矩图

(b) 可变荷载 p 作用在梁的第 1、2 跨时，$p=18.90\mathrm{kN/m}$。

$$\alpha = \frac{\text{跨中截面刚度}}{\text{支座截面刚度}} = \frac{353.78}{180.72} = 1.96$$

梁的计算简图见图 3.4-5（a）。

$$\delta_{11} = \delta_{22} = \frac{l}{3}(1.0034 + 1.0034\alpha) = \frac{9}{3}(1.0034 + 1.0034 \times 1.96)$$
$$= 8.910$$

$$\delta_{12} = \delta_{21} = \frac{l}{6}(0.8785 + 0.1215\alpha) = \frac{9}{6}(0.8785 + 0.1215 \times 1.96)$$
$$= 1.675$$

由公式（3.4-8），令 $l_1 = l_2 = l = 9\text{m}$，将 q 改为 p，$p = 18.90\text{kN/m}$，有

$$\theta_{1p} = -\left[\frac{pl^3}{24}(0.8905 + 0.1095\alpha) + \frac{pl^3}{24}(0.8785 + 0.1215\alpha)\right]$$
$$= -\frac{pl^3}{24}(1.7690 + 0.2310\alpha) = -\frac{18.9 \times 9^3}{24}(1.769 + 0.231 \times 1.96)$$
$$= -1275.485$$

由公式（3.4-9），令 $l_2 = l = 9\text{m}$，将 q 改为 p，$p = 18.90\text{kN/m}$，第 3 跨为空跨，有

$$\theta_{2p} = -\frac{pl^3}{24}(0.8785 + 0.1215\alpha)$$
$$= -\frac{18.9 \times 9^3}{24}(0.8785 + 0.1215 \times 1.96) = -641.049$$

典型方程为

$8.910M_1 + 1.675M_2 - 1275.485 = 0$
$1.675M_1 + 8.910M_2 - 641.049 = 0$
解得 $M_1 = 134.98\text{kN} \cdot \text{m}$，$M_2 = 46.69\text{kN} \cdot \text{m}$。

如果按等截面杆件分析，$M = 0.117pl^2 = 179.12\text{kN} \cdot \text{m}$，现在减小了 24.64%。

梁的弯矩图见图 3.4-5（b），单位 kN·m。

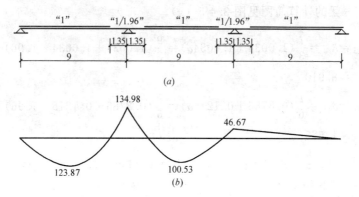

图 3.4-5 算例 3.4-1,情况 b
(a) 计算简图;(b) 弯矩图

(c) 可变荷载 p 作用在第 1、3 跨时,$p=18.90\mathrm{kN/m}$。计算简图见图 3.4-6 (a)。

$\delta_{11}=\delta_{22}=8.91$

$\delta_{12}=\delta_{21}=1.675$

由公式 (3.4-8),令 $l_1=l=9\mathrm{m}$,将 q 改为 p,$p=18.90\mathrm{kN/m}$,考虑到第 2 跨为空跨,有

$$\theta_{1p}=-\frac{pl^3}{24}(0.8905+0.1095\alpha)$$

$$=-\frac{18.9\times9^3}{24}(0.8905+0.1095\times1.96)=-634.436$$

$\theta_{2p}=\theta_{1p}=-634.436$

因为 $M_1=M_2=M$,典型方程为

$$M(\delta_{11}+\delta_{12})+\theta_{1p}=0$$

即

$$M(8.910+1.675)-634.436=0$$

解得 $M=M_1=M_2=59.94\mathrm{kN\cdot m}$

如果按等截面杆分析，$M=0.050pl^2=76.55$kN·m，现在减小了 21.7%。

梁的弯矩图见 3.4-6（b），单位 kN·m。

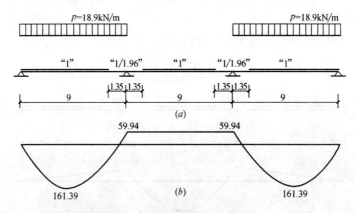

图 3.4-6 算例 3.4-1，情况 c
(a) 计算简图；(b) 弯矩图

(d) 可变荷载 p 作用在第 2 跨时，$p=18.9$kN/m。

计算简图见图 3.4-7（a）。

$\delta_{11}=\delta_{22}=8.910$

$\delta_{12}=\delta_{21}=1.675$

由公式（3.4-8），令 $l_2=l=9$m，将 q 改为 p，$p=18.9$kN/m，因为第 1、3 跨为空跨，有

$$\theta_{1p}=-\frac{pl^3}{24}(0.8785+0.1215\alpha)$$

$$=\frac{-18.9\times 9^3}{24}(0.8785+0.1215\times 1.96)=-641.049$$

$\theta_{2p}=\theta_{1p}=-641.049$

因为 $M_1=M_2=M$，典型方程为

$$M(\delta_{11}+\delta_{12})+\theta_{1p}=0$$

即

$$M(8.910+1.675)-641.049=0$$

解得 $M=M_1=M_2=60.56$ kN·m

如果按等截面杆分析，$M=0.050pl^2=76.55$ kN·m，现在减小了 20.9%。

梁的弯矩图见图 3.4-7 (b)，单位 kN·m。

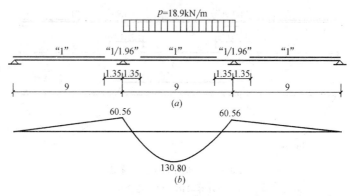

图 3.4-7 算例 3.4-1，情况 d
(a) 计算简图；(b) 弯矩图

(e) 梁的弯矩内力组合

梁的弯矩组合包络图见图 3.4-8。

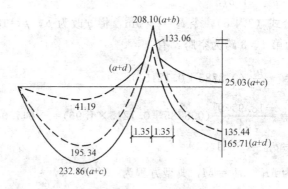

图 3.4-8 算例 3.4-1，弯矩组合

情况 (a+b) 组合后的支座截面负弯矩为 -208.10 kN·m，

要是按等截面杆件计算,该截面的组合弯矩为 -265.55 kN·m,弯矩值减小了 21.6%。与此同时,由于负弯矩区梁截面刚度减小,按情况 $(a+c)$ 组合后的边跨跨中截面正弯矩则由等截面杆计算时的 218.48 kN·m(计算略)增大到现在的 232.86 kN·m。一反常规,出现了边跨跨中正弯矩绝对值大于支座截面负弯矩绝对值的可喜现象,这正是连续组合梁设计时所期望的组合结果。

3-5 多跨连续组合梁的塑性分析

一、连续、完全铰接和塑性铰接

在结构力学中,经常会遇到梁体在支座处连续、完全铰接等理想铰接情况;在工程中,考虑材料塑性现实,还采用了梁体在支座处塑性铰接方案,见图 3.5-1。

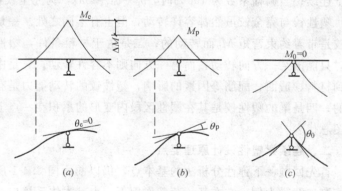

图 3.5-1 多跨梁在内支座处的计算简图
(a) 连续的;(b) 塑性铰接的;(c) 完全铰接的

在图 3.5-1 中,图 (a) 为梁体连续情况;图 (b) 为梁体塑性铰接情况;图 (c) 为完全铰接情况;上面为梁体在支座附近的弯矩图;下面为梁体在支座附近的变形曲线图。可以看出,在梁体连续的条件下,求得的支座截面弹性弯矩 M_e 为最大;正因为它符合变形协调条件,梁的变形曲线在支座处是连续的,支座点左侧与右侧的相对转角为零，$\theta_e=0$，亦即支座点处两侧公用一条切线。至于完全铰接情况，支座处梁截面不能承受弯矩，$M_0=0$，而只能承受剪力；正因为支座相邻两侧的梁可以各自绕铰无约束地自由转动，梁的变形曲线在支座处的切线斜率是不连续的，支座两侧过梁端切线的相对转角 θ_0 为最大。再看图 (b)，梁的支座截面弯矩 M_p 是根据梁截面的极限塑性弯矩或其他因素而设定下来的，M_p 在 M_e 与零之间，它与 M_e 之间的差额 ΔM 称为调幅弯矩，$\Delta M/M_e$ 称为弯矩调幅系数，M_p 则称为调幅后的弯矩；应该说，在荷载作用到支座截面内弯矩为 M_p 之前，梁体变形是连续的，往后如继续增加荷载，梁体内形成塑性铰而相对转动，梁体在支座处的变形就开始不连续，支座左右两端的切线夹角为 θ_p，θ_p 称为相对塑性转动角，θ_p 的大小与调幅弯矩 ΔM 有关，亦即与调幅系数大小有关，当调幅系数为零时，$\theta_p=0$，为完全连续；当调幅系数为 100% 时，$\theta_p=\theta_0=\max$，为完全铰接。

塑性铰与完全铰虽然都容许转动，但也有不同之处。一是塑性铰是带着约束弯矩 M_p 而转动的；二是由于材料条件，塑性铰有时只能沿某一方向转动，而另一方向则不容许转动；三是由于受到材料、截面、配筋等因素的影响，塑性铰的转动能力是有限度的；四是梁的塑性铰是其在塑性区段内变形的累积在一点上的简图总代表。

二、连续梁塑性设计原理要点

首先回顾一下弹性分析法的基本点，仍以前面图 3.4-1 所示的三跨连续梁为例，它在某一荷载作用下，由基本体系接口处变形协调条件，已经给出

$$\left.\begin{array}{l}M_1\delta_{11}+M_2\delta_{12}+\theta_{1q}=0\\ M_1\delta_{21}+M_2\delta_{22}+\theta_{2q}=0\end{array}\right\} \quad (3.4\text{-}4)$$

此处，M_1 和 M_2 为惟一的一组待定值。

或者，更广泛一些，上式可以写成

$$[\delta_{ij}]\{M_i\}+\{\theta_{iq}\}=0$$

再看梁体塑性铰连接情况，梁的内支座处截面弯矩 M_1 和 M_2 不是未知量，是经过弯矩调幅而事先设定的一组值，由于各有关截面弯矩调幅的综合结果，梁在基本体系的接口处将留有残余的塑性转角 θ_p，其方程为

$$\left.\begin{array}{l} M_1\delta_{11}+M_2\delta_{12}+\theta_{1q}=\theta_{p1} \\ M_1\delta_{21}+M_2\delta_{22}+\theta_{2q}=\theta_{p2} \end{array}\right\} \quad (3.5\text{-}1)$$

式中 M_1 和 M_2 为已知的弯矩组合；θ_{p1} 与 θ_{p2} 分别为沿 M_1 及 M_2 方向的塑性铰转角；其余符号的定义与公式（3.4-4）完全相同。

或者，更广泛一些，上式可以写成

$$[\delta_{ij}]\{M_i\}+\{\theta_{iq}\}=\{\theta_{pi}\} \quad (3.5\text{-}2)$$

式中 $\{\theta_{pi}\}$ 为塑性铰的塑性转角组合。

公式（3.5-1）与公式（3.4-4）的差别在形式上只是方程右侧是否为零，而实际上差别极大。在方程（3.4-4）中，M_1 及 M_2 为未知量，各个方程是相互关联的，联立求解之后，M_1 及 M_2 为惟一解。在方程（3.5-1）中，M_1 及 M_2 为事先设定的弯矩组合，为已知量；塑性转角 θ_{p1} 及 θ_{p2} 则为未知量并且各方程互为独立的，θ_{p1} 及 θ_{p2} 可以分别单独求得。我们的塑性设计的重点就是要求这些塑性转角 θ_{pi} 分别小于构件所能容忍的极限塑性转角 θ_{pi}^{al}，同时还要求两者不能异号，即要求

$$\{\theta_{pi}\} \leqslant \{\theta_{pi}^{al}\} \quad (3.5\text{-}3)$$

式中 $\{\theta_{pi}^{al}\}$ 为塑性铰的塑性转角限值组合。

在条件是（3.5-3）中，已如前述，确定 $\{\theta_{pi}\}$ 是很容易的事；而规定限值 θ_{pi}^{al} 则很关键，它引起了很多学者的关注，它与很多因素有关，也有不少的表达公式。至于组合梁负弯矩塑性铰的塑性转角限值拟在后面 5-6 节中提出一些粗浅的建议。

当然，塑性设计当满足条件式（3.5-3）时，所设定的一组弯矩组合 $\{M_i\}$ 就成立，但不是唯一的，还有多个可能的其他组合，需要根据某些目标函数作优化搜索，求得最优解。然而事实

还没有这么简单,可变荷载的简图是多种多样的,调幅后的弯矩还要受裂缝宽度限制,设计上难以运作。因此,除非有特殊需要,结构塑性设计只能限制在某些特定的场合,例如:要求多跨连续梁是等跨的或近似等跨的;限定为在跨内满布的均布荷载;活载对恒载之比有一定限度;弯矩调幅系数不宜过大;以及其他的构造规定等。此外事后还要作裂缝及挠度方面的补充验算。例如,前苏联某个设计规程曾对此类钢筋混凝土连续梁给出了塑性设计实用的弯矩包络图,我国也沿用至今。

三、等跨连续组合梁的实用塑性分析

实用塑性分析法是极限平衡的分析方法,它只要求连续梁每跨在形成机构时内力合力与外力合力符合平衡条件,方法很简单。通常具体的做法是,先按弹性理论对连续梁作内力分析,为了使配筋不遇到困难,同时也是为了经济考虑,人为地将某些较大的支座截面弯矩作一定程度削减调幅,然后通过支座截面塑性角转动将削减的弯矩按照平衡条件转移到跨中截面,只要此时的跨中截面弯矩仍处于弯矩组合的包络图内即可。正因为如此,为了保证支座截面能充分塑性转动进行内力重分布以实现极限平衡,钢梁的板件宽厚比必须符合表 2.4-1 的限制规定,换句话说,钢梁截面必须是"厚实的"。

欧洲钢结构协会 ECCS 对梁的塑性分析法作了如下的限制规定:

1)内力合力与不利的外荷载组合必须平衡。

2)钢梁截面应该是密实的。

3)相邻两跨的跨度相差不得超过短跨的 45%。

4)边跨跨度不得小于邻跨的 70%,也不得大于邻跨的 115%。

5)在每跨的 1/5 范围内,不得集中作用占该跨半数以上的集中荷载。

问题在于弯矩调幅系数,国内规定不太统一,有的规定为 25%,有的规定为 15%,而且调幅系数对应的基准值都没有明

确，是按不变截面梁弹性分析的结果？还是按变截面梁弹性分析的结果？按照钢筋混凝土结构惯例，它的楼盖连续次梁是T形截面，当负弯矩区段翼板受拉开裂之后，该区段变成了下部为压区的矩形截面，也是变截面连续梁，但仍然取按不变截面连续梁的弹性分析结果作为调幅系数的基准值，实质上这种弯矩调幅是开裂变截面调幅与材料塑性变形调幅的总和。至于组合梁应该如何，拟通过下面的算例分析加以确认。

【算例 3.5-1】 依照图 3.4-1 所示的弯矩内力组合对内支座截面弯矩作调幅试算并讨论。

解：

一共设计了四个试算方案，见表 3.5-1。表中还增列了按变截面计算的弯矩标准值组合作为参考。

弯矩组合与调幅方案实算对比　　　　　表 3.5-1

弯矩组合及调幅方案	弯矩值(kN·m)	以方案①为 100的弯矩进行对比
①按不变截面计算的弯矩设计值组合,不调幅	265.55	100%
②按变截面计算的弯矩设计值组合,不调幅	208.10	78.4%
③按不变截面计算的弯矩设计值组合为基数,调幅 25%	199.16	75.0%
④按不变截面计算的弯矩设计值组合为基数,调幅 15%	225.72	85.0%
按变截面计算的弯矩标准值组合	156.34	58.9%

由表可见：

(1) 如果按不变截面计算又不调幅（方案①），其弯矩值（265.55kN·m）实在太大，简直无法配筋。既不符合实际工作状况，又行不通。

(2) 组合梁按变截面分析又不调幅（方案②），较之按不变截面分析（方案①），其弯矩值下降 21.6%，变截面调幅影响已十分显著，而连续梁仍处于弹性状态。

(3) 按不变截面计算而调幅 25%（方案③），其弯矩值（199.16kN·m），与按变截面计算不调幅的弯矩 208.10kN·m

十分接近，相差仅 4.3%。

（4）按不变截面刚度计算再调幅 15%（方案④），其弯矩值为 225.72kN·m，该弯矩值大于方案②的计算结果（208.10kN·m）约 8%，这仍旧是一种未曾塑性发展的弯矩调幅方案。

综上所述，可以认为：

（1）方案①、方案②、方案④状况下的连续梁，都是处于弹性状态，只有方案③有 3% 真正的塑性弯矩调幅。

（2）除了方案①之外，其他三个方案都是可行的。

（3）方案②是一个按变截面梁计算而不作调幅的方案，它真实地反映了梁的真实工作状况。试算结果还表明，按该方案弯矩配筋无困难，随后的正常使用条件验算也基本能通过。

（4）因为方案③与方案②的计算结果十分接近而偏小 3% 左右，这一差额可认为是真正的塑性弯矩调幅，因而也是可行的。因为该方案是按不变截面计算而后调幅，其力学计算简单，又有现成的手册表格，一般情况下建议采用此方案，但将调幅系数由 25% 改为 20%。

（5）方案④有与方案③相同的优点，但计算结果比方案②大 8%，配筋略为多了一些，但在后面的裂缝计算时遇到麻烦的机会也许要少一些。

（6）如上分析，简单的方法应是采用不变截面计算的弯矩再进行调幅，最大调幅范围建议取在 15%～20%，其调幅系数取值大小与梁上活载对恒载的比值有关；若活载对恒载的比值较大，调幅系数可接近 20%；若活载对恒载的比值较小，调幅系数可取小一些，接近 15%。

第四章 组合梁截面的弹性分析

4-1 概 述

和其他结构一样，组合梁在其发展早期用的是弹性分析法。我国直到上世纪 70 年代末，工程界基本上也是用弹性分析法。因为该法的基本假定之一认为混凝土是弹性体，这不能充分反映构件的承载能力极限状态，故近二、三十年来对承受静力作用为主的结构，已不再采用此种分析方法。但这不等于它在规范中消失了，因为仍有不少场合，如对使用阶段的工作状况分析、疲劳验算、温度及混凝土收缩应力分析等，仍离不开弹性分析法。

在组合梁的弹性分析法中，采用了以下假定：
（1）钢材和混凝土均为理想弹性体。
（2）钢筋混凝土翼板与钢梁之间有可靠的连接交互作用，相对滑移很小，可以忽略不计，平截面在弯曲之后仍保持为平面。
（3）混凝土翼板按实体面积计算，不扣除其中受拉开裂的部分。
（4）不考虑混凝土翼板中的钢筋。

在以上四项假定中，后两项只是为了简化计算，前两项则与材料力学所规定的完全相同，故组合梁可以直接利用材料力学公式进行应力及位移分析。

4-2 组合梁的换算截面

一、基本原理

梁的弹性分析一般要利用材料力学中已建立起来的计算公

式,而材料力学是针对单质连续弹性体进行研究的,对于由钢与混凝土两种材料组成的组合截面,应把它换算成同一材料的截面。因为组合梁与钢结构联系甚为密切,首先应该把组合截面中的混凝土截面成分换算成等效的钢质截面成分。

设有一混凝土截面单元,面积为 A_c,弹性模量为 E_c,在应力 σ_c 的情况下有应变 ε_c,根据总力不变及应变相同的等效条件,该混凝土单元可换算成弹性模量为 E_s、应力为 σ_s 与钢等效的换算截面面积 A_{sc}。

由总力不变条件,

$$A_c \sigma_c = A_{sc} \sigma_s \tag{a}$$

得

$$A_{sc} = \frac{\sigma_c}{\sigma_s} A_c \tag{b}$$

或

$$\sigma_s = \frac{A_c}{A_{sc}} \sigma_c \tag{c}$$

由应变相同条件,

得

$$\frac{\sigma_c}{E_c} = \frac{\sigma_s}{E_s}$$

或

$$\frac{\sigma_c}{\sigma_s} = \frac{E_c}{E_s} = \frac{1}{\alpha_E} \tag{d}$$

式中 α_E——钢材弹性模量 E_s 对混凝土弹性模量 E_c 的比值,$\alpha_E = E_s / E_c$。

由式(d)可得

$$\sigma_c = \frac{\sigma_s}{\alpha_E} \tag{4.2-1}$$

及

$$A_{sc} = \frac{A_c}{\alpha_E} \tag{4.2-2}$$

公式(4.2-1)的物理意义是:若将由等效钢截面求得的钢材应力 σ_s 除以 α_E,又可还原到原来混凝土的应力 σ_c。

公式(4.2-2)的物理意义是:根据应变相同且总力不变的等效条件,将混凝土截面单元的面积 A_c 除以 α_E 后,可将混凝土

单元的截面面积 A_c 换算成与之等效的钢截面面积 A_{sc}。

有了这些基本的换算关系之后,在具体操作上还有一点讲究。综观整个组合截面,其中惟一需要作截面换算的混凝土截面单元就是混凝土翼板（有时含板托）,因而换算截面的中心内容就是对混凝土翼板的换算。又因为在换算过程中还要求混凝土翼板的截面形心在换算前后保持不变,混凝土翼板厚度在换算前后就应该保持不变,因而混凝土翼板用公式（4.2-2）的面积换算就转化成了翼板的宽度换算,要求将混凝土翼板的计算宽度 b_e 换算成等效换算宽度 b_{eq},细节规定详见第 2-6 节。

当混凝土翼板宽度换算成等效宽度 b_{eq} 之后,整个组合截面就变成了钢材的换算截面,统一用钢材弹性模量 E_s,在《钢结构设计规范》中,E_s 简写为 E。

二、换算截面的几何特征

根据计算需要,可能出现诸多的截面几何特征,此地仅针对梁的需要规定一些有关的几何特征,即换算截面形心轴位置、换算截面惯性矩及换算截面模量。

正如 2-6 节中所指出的那样,对应于短暂作用荷载及持续作用荷载,翼板的等效换算宽度不同,对短暂作用,$b_{eq}=b_e/\alpha_E$；对持续作用,$b_{eq}=b_e/(2\alpha_E)$。因此应该有两种不同换算截面的几何特征。

组合梁截面形状稍为复杂一些,一般可以将其换算截面划分

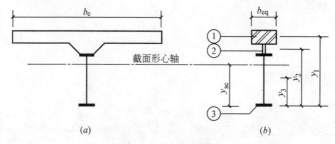

图 4.2-1 换算截面的截面单元
（a）组合截面；（b）换算截面

成若干个截面单元，并编号。如图 4.2-1 中，共有三个截面单元。翼板、板托及工字钢，编号分别为①、②及③；然后利用已知的材料力学规则用求和办法就可以求出各有关几何特征。

(1) 换算截面形心轴（中和轴）的位置

截面形心轴距任意基线（本书中取梁底为基线）的距离 y_{sc} 可参见图 4.2-1 按下式计算：

$$y_{sc} = \frac{\sum A_i y_i}{\sum A_i} \tag{4.2-3}$$

式中　y_{sc}——换算截面形心轴距梁底的距离；
　　　A_i——第 i 单元的截面面积；
　　　y_i——第 i 单元的形心距梁底的距离。

(2) 换算截面对形心轴的惯性矩

换算截面对形心轴的惯性矩 I_{eq} 可参见图 4.2-1 按下式计算：

$$I_{eq} = \sum (I_i + A_i y_{0i}^2) = \sum I_i + \sum A_i y_{0i}^2 \tag{4.2-4}$$

式中　I_i——第 i 单元对自身形心轴的惯性矩；
　　　y_{0i}——第 i 单元的形心至换算截面形心轴的距离，$y_{0i} = y_i - y_{sc}$。

(3) 换算截面模量 W

按照材料力学规定，对应于考虑点的不同，截面模量 W 可按下列公式计算：

对翼板顶面

$$W_{ct} = \frac{I_{eq}}{(h - y_{sc})} \tag{4.2-5a}$$

对钢梁底面

$$W_{sb} = \frac{I_{eq}}{y_{sc}} \tag{4.2-5b}$$

式中　h——组合梁的截面总高。

【算例 4.2-1】　已知某组合截面，混凝土翼板计算宽度 $b_e =$

1330mm，翼板厚度 $h_c=100$ mm；混凝土强度等级 C25，弹性模量 $E_c=28\times 10^3$ N/mm²；工字钢为 I30b，截面面积 $A_s=6725$ mm²，截面惯性矩 $I_s=94.0\times 10^6$ mm⁴，弹性模量 $E=210\times 10^3$ N/mm²。

求短暂作用下的换算截面模量 W_{ct}^s 及持续作用下的换算截面模量 W_{sb}^l。

解：

（1）短暂作用下

梁的截面总高度 $h=h_c+h_s=100+300=400$ mm

钢材对混凝土的弹性模量比 $\alpha_E=E/E_c=210/28=7.5$

由公式（2.6-1），混凝土翼板的等效换算宽度 $b_{eq}=b_e/\alpha_E=1330/7.5=176$ mm

混凝土翼板的换算截面面积：$b_{eq}\times h_c=176\times 100=17600$ mm²

混凝土翼板形心至钢梁底边距离：$h-h_c/2=400-100/2=350$ mm

钢梁截面面积 $A_s=6725$ mm²

钢梁截面形心至钢梁底边距离：$h_s/2=300/2=150$ mm

由公式（4.2-1），

$$y_{sc}=\frac{17600\times 350+6725\times 150}{17600+6725}=294.7\text{mm}$$

混凝土翼板截面形心至换算截面形心轴的距离 $y_{01}=350-294.7=55.3$ mm

钢梁截面形心至换算截面形心轴的距离 $y_{02}=y_{sc}-h_s/2=294.7-150=144.7$ mm

由公式（4.2-4），

$$I_{eq}=\frac{1}{12}\times 176\times 100^3+17600\times 55.3^2+94.0\times 10^6+6725\times 144.7^2$$
$$=303.3\times 10^6\text{mm}^4$$

由公式（4.2-5a），对混凝土翼板顶面

$$W_{ct}^s = \frac{I_{eq}}{h - y_{sc}} = \frac{303.3 \times 10^6}{400 - 294.7} = 2.880 \times 10^6 \text{mm}^3$$

由公式（4.2-5b），对钢梁底面

$$W_{sb}^s = \frac{I_{eq}}{y_{sc}} = \frac{303.3 \times 10^6}{294.7} = 1.029 \times 10^6 \text{mm}^3$$

(2) 持续作用下

由公式（2.6-2），混凝土翼板的等效换算宽度，

$$b_{eq} = b_e / (2\alpha_E) = 1330 / (2 \times 7.5) = 88 \text{mm}$$

由公式（4.2-3），

$$y_{sc} = \frac{8800 \times 350 + 6725 \times 150}{8800 + 6725} = 263.4 \text{mm}$$

$$y_{01} = 350 - 263.4 = 86.6 \text{mm}$$

$$y_{02} = 263.4 - 150 = 113.4 \text{mm}$$

$$I_{eq} = \frac{1}{12} \times 88 \times 100^3 + 8800 \times 86.6^2 + 94.0 \times 10^6 + 6725 \times 113.4^2$$

$$= 253.8 \times 10^6 \text{mm}^4$$

由公式（4.2-5a），对混凝土翼板顶面

$$W_{ct}^l = \frac{I_{eq}}{h - y_{sc}} = \frac{253.8 \times 10^6}{400 - 263.4} = 1.858 \times 10^6 \text{mm}^3$$

由公式（4.2-5b），对钢梁底面

$$W_{sb}^l = \frac{I_{eq}}{y_{sc}} = \frac{253.8 \times 10^6}{263.4} = 0.964 \times 10^6 \text{mm}^3$$

本算例表明：组合梁在持续作用下的换算截面惯性矩 I_{eq} 为短暂作用下的 0.84 倍。对换算截面模量，W_{ct}^l 比 W_{ct}^s 下降了 35.5%；W_{sb}^l 比 W_{sb}^s 下降了 6.3%。

4-3 组合梁的法向应力分析

一、法向应力计算（以短暂作用为例）

组合梁截面的法向应力 σ 可按其换算截面用材料力学公式求

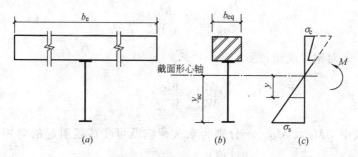

图 4.3-1 组合截面法向应力计算
(a) 组合截面；(b) 换算截面；(c) 法向应力

得（图 4.3-1）。

对钢梁部分

$$\sigma_s = \frac{My}{I_{eq}} \tag{4.3-1}$$

对混凝土部分，根据公式（4.2-1），有

$$\sigma_c = \frac{My}{\alpha_E I_{eq}} \tag{4.3-2}$$

式中 M——短暂作用弯矩值；

I_{eq}——短暂作用下换算截面惯性矩；

y——所求应力点对换算截面形心轴（中和轴）的距离，在形心轴以下时为正，在形心轴以上时为负；

σ_s——钢梁法向应力，以拉为正；

σ_c——混凝土翼板法向应力，以压为负。

二、组合梁截面抗弯强度计算

因为荷载有短暂作用与持续作用之分，对应的换算截面模量亦有短暂的 W^s 与持续的 W^l 之分，前者的翼板等效换算宽度 $b_{eq}=b_e/\alpha_E$，后者的翼板等效换算宽度 $b_{eq}=b_e/(2\alpha_E)$。因而强度计算要用两项计算结果的和来表达。

对混凝土翼板顶面，要求

$$\frac{M_G}{2\alpha_E W_{ct}^l} + \frac{M_Q}{\alpha_E W_{ct}^s} \leqslant f_c \qquad (4.3\text{-}3a)$$

对钢梁底面，要求

$$\frac{M_G}{W_{sb}^l} + \frac{M_Q}{W_{sb}^s} \leqslant f \qquad (4.3\text{-}3b)$$

式中　M_G 及 M_Q——分别为永久荷载及可变荷载引起的弯矩设计值；

　　　W_{ct}^l 及 W_{ct}^s——分别为在永久荷载及可变荷载作用下对混凝土翼板顶面的换算截面模量；

　　　W_{sb}^l 及 W_{sb}^s——分别在永久荷载及可变荷载作用下对钢梁底面的换算截面模量；

　　　f_c 及 f——分别为混凝土轴心抗压强度设计值及钢材抗弯强度设计值。

注：按以往的混凝土结构容许应力设计规则，公式（4.3-3a）中的强度限值似以取弯曲抗压强度 f_{cm} 为妥，$f_{cm}=1.25f_c$，增大了的 f_{cm} 可以用来补偿理论上未考虑混凝土塑性变形带来的有利影响。

【算例 4.3-1】 对于算例 4.2-1，如果给定 C25 混凝土的轴心抗压强度设计值 $f_c=11.9\text{N/mm}^2$，Q235 钢材的抗弯强度设计值 $f=215\text{N/mm}^2$。

求：(1) 短暂作用下的截面抗弯能力设计值；(2) 持久作用下的截面抗弯能力设计值；(3) I30b 工字钢的抗弯能力设计值；并作讨论。

解：

(1) 短暂作用下的截面抗弯能力设计值

由算例 4.2-1 已求得 $W_{ct}^s = 2.880 \times 10^6 \text{ mm}^3$ 及 $W_{sb}^s = 1.029 \times 10^6 \text{ mm}^3$，则

$$M_c^s = \alpha_E W_{ct}^s f_c = 7.5 \times 2.880 \times 10^6 \times 11.9 = 257.04 \text{kN} \cdot \text{m}$$

$$M_s^s = W_{sb}^s f = 1.029 \times 10^6 \times 215 = 221.24 \text{kN} \cdot \text{m}$$

取两者中的较小者，钢梁先达到设计强度，截面抗弯能力设计值 $M^s=221.24\mathrm{kN}\cdot\mathrm{m}$。

（2）持续作用下的截面抗弯能力设计值

由算例 4.2-1 已求得 $W_{ct}^l = 1.858 \times 10^6\ \mathrm{mm}^3$ 及 $W_{sb}^l = 0.964 \times 10^6\ \mathrm{mm}^3$，则

$$M_c^l = 2\alpha_E W_{ct}^l f_c = 2\times 7.5 \times 1.858 \times 11.9 = 331.65\mathrm{kN}\cdot\mathrm{m}$$

$$M_s^l = W_{cb}^l f = 0.964 \times 215 = 207.26\mathrm{kN}\cdot\mathrm{m}$$

取两者中的较小者，也是钢梁先达到设计强度，截面抗弯能力设计值 $M^l = 207.26\mathrm{kN}\cdot\mathrm{m}$。

（3）I30b 工字钢的抗弯能力设计值

由算例 4.2-1 已知，工字钢的截面惯性矩 $I_s = 94.0 \times 10^6\ \mathrm{mm}^4$，$h_s/2 = 150\mathrm{mm}$，$W = 94.0 \times 10^6 / 150 = 0.627 \times 10^6\ \mathrm{mm}^3$，则

$$M = Wf = 0.627 \times 10^6 \times 215 = 134.73\mathrm{kN}\cdot\mathrm{m}$$

（4）讨论

组合截面的抗弯能力受钢梁底面达到设计强度所控制，翼板混凝土受压仍有潜力。

持续作用下的截面抗弯能力仅比短暂作用下的抗弯能力低 6.3%，相差不多。

组合截面抗弯能力是其中工字钢抗弯能力的 1.5 倍以上，效果十分显著。

4-4 组合梁的剪应力分析

一、剪应力计算（以短暂作用为例）

组合梁的剪应力 v，也是采用换算截面按材料力学公式计算的，见图 4.4-1。

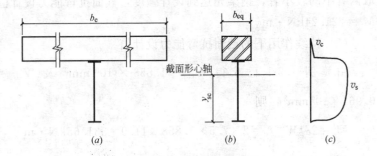

图 4.4-1 组合截面剪应力计算
(a) 组合截面；(b) 换算截面；(c) 剪应力

对混凝土翼板（含板托）

$$v_c = \frac{VS}{\alpha_E I_{eq} t} \qquad (4.4\text{-}1a)$$

对钢梁

$$v_s = \frac{VS}{I_{eq} t} \qquad (4.4\text{-}1b)$$

式中 v_c——混凝土翼板剪应力；

v_s——钢梁腹板剪应力；

V——短暂作用竖向剪力设计值；

S——剪应力计算点以上的换算截面对总换算截面形心轴（中和轴）的面积矩；

I_{eq}——换算截面惯性矩；

t——换算截面的腹板厚度，对混凝土区，等于该处的混凝土换算宽度；在钢梁区，等于钢梁腹板厚度 t_w。

二、组合梁截面抗剪强度计算

组合梁截面抗剪强度计算，同样要用持续作用下及短暂作用下两项计算结果的和来表达。

对混凝土板托，其剪应力可用下式表达，

$$v_c = \frac{V_G S^l}{2\alpha_E I_{eq}^l t} + \frac{V_Q S^s}{\alpha_E I_{eq}^s t} \quad (4.4\text{-}2a)$$

对钢梁腹板，要求

$$v_s = \frac{V_G S^l}{I_{eq}^l t_w} + \frac{V_Q S^s}{I_{eq}^s t_w} \leqslant f_v \quad (4.4\text{-}2b)$$

式中　V_G 及 V_Q——分别为永久荷载及可变荷载引起的剪力设计值；

　　　S^l 及 S^s——分别在永久荷载作用下及可变荷载作用下剪应力计算点以上的换算截面对总换算截面形心轴的面积矩；

　　　I_{eq}^l 及 I_{eq}^s——分别在永久荷载作用下及可变荷载作用下的换算截面惯性矩；

　　　　f_v——钢材抗剪强度设计值；

　　　t 及 t_w——换算截面的腹板厚度，详见公式（4.4-1）说明。

在以上两个公式中，针对钢梁腹板，可以通过公式（4.4-2b）用它的剪应力 v_s 是否超过钢材抗剪强度设计值 f_v 来评价是否满足设计要求。对于混凝土板托，公式（4.4-2a）中没有不等式的表示，混凝土结构设计将另有一些专门的考虑。设计者认为，混凝土部件中抗剪的薄弱部位是板托，它的受剪破坏是剪应力引起的主拉应力方向受拉所致，由材料力学得知，在纯剪状态下，主拉应力值 σ_{tp} 等于其剪应力值 v_c，即 $v_{tp}=v_c$。因此，对混凝土板托的抗剪强度计算建议按以下规定考虑。

（1）当混凝土板托内的主拉应力 σ_{tp} 符合下列条件时，主拉应力全部由混凝土承受，横向钢筋按构造要求配置。

$$v_{tp}=v_c \leqslant 0.6 f_t \quad (4.4\text{-}3)$$

式中　f_t——混凝土抗拉强度设计值；

　　　v_c——由公式（4.4-2a）确定的混凝土剪应力值。

(2) 当不符合公式 (4.4-3) 要求时,主拉应力全由横向钢筋承担,并要求

$$v_c \leqslant v_{st} \tag{4.4-4}$$

式中 v_{st}——横向钢筋所能承受的剪应力,根据钢筋混凝土受剪桁架模拟理论,有

$$v_{st} = \frac{f_y A_{sv}}{bu} \tag{4.4-5}$$

式中 A_{sv}——同一截面内横向钢筋的全部截面面积;
u——横向钢筋间距;
f_y——横向钢筋抗拉强度设计值;
b——板托的最小宽度。

(3) 此外,为了防止板托斜压破坏,也是为了防止在使用阶段有较大的斜裂缝出现,在任何情况下板托的截面尺寸应设计得使剪应力 v_c 满足下列条件:

$$v_c \leqslant 0.25 f_c \tag{4.4-6}$$

式中 f_c——混凝土轴心抗压强度设计值。

【算例 4.4-1】 已知某组合梁的混凝土翼板计算宽度 $b_e=1300$mm,翼板厚度 $h_c=80$mm,板托高度$=120$mm,混凝土强度等级 C20,钢部件为 I20b,钢材 Q235。永久荷载作用的剪力设计值 $V_G=28.8$kN,可变荷载作用的剪力设计值 $V_Q=61.6$kN。要求用弹性分析计算梁的抗剪强度。

解:

(1) 截面几何特征

组合截面的细部尺寸见图 4.4-2 (a)。

组合截面总高度 $h=200+120+80=400$mm;

板托最小宽度取等于钢梁上翼缘宽度$=102$mm。

换算截面的细部尺寸见图 4.4-2 (b)。在求其截面几何特征时,因板托成分所占的比例很小,为简化计算,忽略不计。

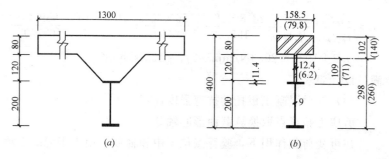

图 4.4-2 算例 4.4-1
(a) 组合截面；(b) 换算截面尺寸

在可变荷载作用下：

$\alpha_E = E/E_c = 210/25.5 = 8.2$

$b_{eq}^s = b_e/\alpha_E = 1300/8.2 = 158.5 \text{mm}$

$y_{sc}^s = 298 \text{mm}$（计算过程略）

$I_{eq}^s = 235.75 \times 10^6 \text{mm}^4$（计算过程略）

在永久荷载作用下：

$2\alpha_E = 16.4$

$b_{eq}^l = 79.8 \text{mm}$

$y_{sc}^l = 260 \text{mm}$（计算过程略）

$I_{eq}^l = 193.09 \times 10^6 \text{mm}^4$（计算过程略）

(2) 针对钢梁的抗剪强度验算

剪应力验算点取钢梁上翼缘与腹板衔接处，腹板厚度 $t_w = 9 \text{mm}$。

在可变荷载作用下，验算点位于换算截面形心轴下方 109mm；验算点以上的换算截面对换算截面形心轴的面积矩 $S^s = 158.5 \times 80(102-40) - 102 \times 11.4 \times 109 = 659 \times 10^3 \text{mm}^3$。

在永久荷载作用下，同一验算点位于换算截面形心轴下方 71mm；验算点以上的换算截面对换算截面形心轴的面积距 $S^l = 79.8 \times 80 \times (140-40) - 102 \times 11.4 \times 71 = 556 \times 10^3 \text{mm}^3$。

由公式（4.4-2b），

$$v_s = \frac{V_G S^l}{I_{eq}^l t_w} + \frac{V_Q S^s}{I_{eq}^s t_w} = \frac{28.8 \times 10^3 \times 556 \times 10^3}{193.09 \times 10^6 \times 9} + \frac{61.6 \times 10^3 \times 659 \times 10^3}{235.75 \times 10^6 \times 9}$$

$$= 9.2 + 19.1 = 28.3 \text{N/mm}^2 < f_v = 125 \text{N/mm}^2$$

满足设计要求。

(3) 针对混凝土板托的抗剪强度计算

剪应力验算点取换算截面形心轴处。

在可变荷载作用下，验算点位于中和轴处，相当于混凝土翼板顶面下 102mm；

板托的等效换算宽度 $t = 102/\alpha_E = 102/8.2 = 12.4$mm；

验算点以上的换算截面对换算截面形心轴的面积矩 $S^s = 158.5 \times 80 \times (102 - 40) = 786 \times 10^3 \text{mm}^3$；

在永久荷载作用下，同一验算点位于中和轴处，相当于混凝土翼板顶面下 140mm；

板托的等效换算宽度 $t = 102/(2\alpha_E) = 102/(2 \times 8.2) = 6.2$mm；

验算点以上的换算截面对换算截面形心轴的面积矩 $S^l = 79.8 \times 80 \times (140 - 40) = 634 \times 10^3 \text{mm}^3$；

由公式（4.4-2a）

$$v_c = \frac{V_G S^l}{2\alpha_E I_{eq}^l t} + \frac{V_Q S^s}{\alpha_E I_{eq}^s t}$$

$$= \frac{28.8 \times 10^3 \times 634 \times 10^3}{16.4 \times 193.09 \times 10^6 \times 6.2} + \frac{61.6 \times 10^3 \times 786 \times 10^3}{8.2 \times 235.75 \times 10^6 \times 12.4}$$

$$= 0.93 + 2.02 = 2.95 \text{N/mm}^2$$

因为 $v_c = 2.95 \text{N/mm}^2 > 0.25 f_c = 0.25 \times 9.6 = 2.4 \text{N/mm}^2$，板托尺寸不符合公式（4.4-6）规定，需要将板托底部加宽，现将板托底部加宽到 150mm，则在可变荷载作用下板托的等效换算宽度 $t = 150/8.2 = 18.3$mm；在永久荷载作用下板托的等效换算宽度 $t = 150/16.4 = 9.1$mm。重复上述计算，有

$$v_c = \frac{28.8 \times 10^3 \times 634 \times 10^3}{16.4 \times 193.09 \times 10^6 \times 9.1} + \frac{61.6 \times 10^3 \times 786 \times 10^3}{8.2 \times 235.75 \times 10^6 \times 18.3}$$

$$= 0.63 + 1.37 = 2.00 \text{N/mm}^2$$

$v_c < 0.25 f_c = 0.25 \times 9.6 = 2.4 \text{N/mm}^2$

$v_c > 0.6 f_t = 0.6 \times 1.1 = 0.66 \text{N/mm}^2$。

截面尺寸符合公式（4.4-6）的规定，但需要按计算设计横向钢筋。

设横向钢筋为 $\phi 10$，双肢，间距 $u=100\text{mm}$，则同一截面内横向钢筋肢的全部截面积 $A_{sv}=2\times 78.5=157\text{mm}^2$，板托最小宽度（底宽）$b=150\text{mm}$，代入公式（4.4-5），得

$$v_{st} = \frac{f_y A_{sv}}{bu} = \frac{210 \times 157}{150 \times 100} = 2.2 \text{N/mm}^2$$

因为 $v_c = 2.00\text{N/mm}^2 < v_{st} = 2.2\text{N/mm}^2$，所假设的横向钢筋合适。

4-5　温差应力及混凝土收缩应力分析

一、概述

钢与混凝土的温度线膨胀系数几乎相等，混凝土的温度线膨胀系数 $\alpha_t = 1.0 \times 10^{-5}$，钢的温度线膨胀系数 $\alpha_t = 1.2 \times 10^{-5}$，它们的温度变形基本是协调的，可以不计这方面的温度应力。组合梁的温度应力主要来自钢梁和混凝土翼板之间的温度差异，情况之一是混凝土翼板在烈日或热源的照射下温度上升，表面温度可达 40～50℃，或更高，而钢梁在翼板的庇荫之下，温度较低，两者之间有一个温差；情况之二是即使混凝土翼板与钢梁处于同一温度状态，因为钢梁的热惰性小，混凝土的热惰性大，钢材对温度变化的反应快，混凝土的反应慢，在露天条件下，气温突变可能在 15℃ 以上，这时组合梁中的钢梁与混凝土由于热惰性不同形成了 10℃ 左右以上的温度差。所以露天条件下的组合梁或是直接受热源作用的组合梁需要计算由于温差引起的温度应力；对于一般情况下的室内组合梁，温度应力可不予考虑。

至于混凝土收缩引起的应力，其机理与温差应力相似。不同

的是，温差是短期作用，而混凝土收缩是是长期作用，且只相当于混凝土翼板温度低于钢梁情况。

混凝土收缩应力一般可以不计，只有需要计算温度应力的组合梁，应同时考虑混凝土收缩应力。

二、温差应力计算公式

设组合梁的截面如图 4.5-1 (a) 所示，混凝土翼板（含板托）的截面面积为 A_c，绕自身形心轴的惯性矩为 I_c，其上下边缘点①及②距形心轴的距离分别为 y_1 及 y_2，对①、②点的截面模量分别为 $W_1 = I_c/y_1$ 及 $W_2 = I_c/y_2$，混凝土的弹性模量 E_c；钢梁的截面面积为 A_s，绕自身形心轴的惯性矩为 I_s，其上、下边缘点③及④距形心轴的距离分别为 y_3 及 y_4，对③、④点的截面模量分别为 $W_3 = I_s/y_3$ 及 $W_4 = I_s/y_4$，钢材弹性模量为 E_s；设两者的温度线膨胀系数相等均为 α_t。

图 4.5-1 (b) 为混凝土翼板与钢梁之间无连接件（完全自由）时的温度位移，该图所示的为混凝土翼板温度比钢梁低的情况，设它们之间温度差为 Δt，梁长为 l，则两者温度伸长量之差 $\Delta l = \alpha_t l \Delta t$，或者说温差应变 $\varepsilon_t = \dfrac{\Delta l}{l} = \alpha_t \Delta t$。

如果钢梁与混凝土翼板之间有足够的抗剪连接件，为了补偿 ε_t，在翼板与钢梁之间将反应出超静定力 T，见图 4.5-1 (c)。当 Δt 为正时，即翼板温度低于钢梁温度时，T 对翼板为偏心拉力，对钢梁为偏心压力。相应地，在混凝土翼板②点的拉应变为

$$\varepsilon_2 = \frac{T}{E_c}\left(\frac{1}{A_c} + \frac{y_2}{W_2}\right) \tag{a}$$

在钢梁③点的压应变为

$$\varepsilon_3 = \frac{-T}{E_s}\left(\frac{1}{A_s} + \frac{y_3}{W_3}\right) \tag{b}$$

再根据 $\varepsilon_2 - \varepsilon_3 = \varepsilon_t = \alpha_t \Delta t$ 的变形协调条件，有

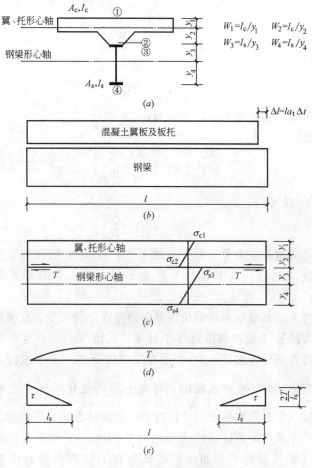

图 4.5-1 组合梁的温差应力
（a）截面几何特征；（b）无连接件时温差相对滑移；（c）温差应力；
（d）交互作用 T 沿梁长变化；（e）纵向剪力传递区段

$$T=\frac{\alpha_t \Delta t}{\left(\dfrac{1}{E_c A_c}+\dfrac{1}{E_s A_s}\right)+\left(\dfrac{y_2}{E_c W_2}+\dfrac{y_3}{E_s W_3}\right)} \quad (4.5\text{-}1)$$

混凝土翼板的温差应力（以受拉为正），

在①点，
$$\sigma_{c1} = T\left(\frac{1}{A_c} - \frac{y_2}{W_1}\right) \quad (4.5\text{-}2a)$$

在②点，
$$\sigma_{c2} = T\left(\frac{1}{A_c} + \frac{y_2}{W_2}\right) \quad (4.5\text{-}2b)$$

钢梁的温差应力（以受拉为正），
在③点，
$$\sigma_{s3} = -T\left(\frac{1}{A_s} + \frac{y_3}{W_3}\right) \quad (4.5\text{-}2c)$$

在④点，
$$\sigma_{s4} = -T\left(\frac{1}{A_s} - \frac{y_3}{W_4}\right) \quad (4.5\text{-}2d)$$

组合梁的温差应力分布图亦见图 4.5-1（c）。它们和荷载引起的应力叠加之后，其中有的可能是不利影响，有的可能是有利影响。

因为温差应变 ε_t 沿梁长度方向的存在保持不变，在梁跨中间的绝大部分 T 也应该接近等于常量，见图（d）；只是在梁的两端，边界条件要求 $T=0$，因而在梁端附近的一个区段内，T 呈曲线变化过渡。在该区段内，对应于 T 的变化率 $\frac{dT}{dx}$，在叠合面上要反映出纵向水平剪力，该剪力应该由位于该区段内加设的抗剪连接件承担，该区段称为梁的交互作用力 T 的传递区段。令传递区段长度为 l_s，如果近似认为在 l_s 区段内剪力传递集度（N/mm）呈线性变化，并认为在距梁端 l_s 处剪力传递集度等于零，则在梁的端头处的最大剪力传递集度为 $2T/l_s$，见图（e）。

对于栓钉抗剪连接件，上述关于剪力传递区的假定可以成立，并且认为 l_s 可取等于 $l/5$。

三、混凝土收缩应力的分析

混凝土收缩应变 ε_{sh} 在组合梁内的应力反应机理与 Δt 为正值（即混凝土翼板温度比钢梁的低）时的温差应力相同。ε_{sh} 相当于

$\alpha_t \Delta t$,因为 $\varepsilon_{sh} = 0.00015 \sim 0.00020$,$\alpha_t = 1 \times 10^{-5}$,对比表明,收缩应变就相当于 $\Delta t = 15 \sim 20℃$ 的温差应变。所以,在分析应力时将公式(4.5-1)中的温差应变 $\alpha_t \Delta t$ 用收缩应变 ε_{sh} 替换即可。此外,考虑到混凝土收缩是长期作用,公式(4.5-1)中的弹性模量 E_c 还应该用考虑徐变变形的弹塑性割线模量 E'_c 替代,因为 $E'_c = E_c/2$,便得

$$T = \frac{\varepsilon_{sh}}{\left(\dfrac{2}{E'_c A_c} + \dfrac{1}{E_s A_s}\right) + \left(\dfrac{2y_2}{E_c W_2} + \dfrac{y_3}{E_s W_3}\right)} \qquad (4.5-3)$$

至于混凝土收缩应力的计算公式与公式(4.5-2)完全相同。

【**算例 4.5-1**】 已知组合梁截面如图 4.5-2。混凝土强度等级为 C20,钢材牌号 Q235。钢梁温度比混凝土翼板的温度高,其温度差 $\Delta t = 15℃$,温度线膨胀系数 $\alpha_t = 1.0 \times 10^{-5}$。

求梁的温度应力并讨论。

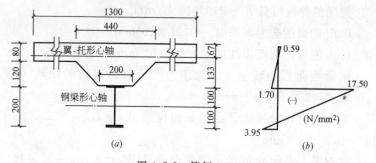

图 4.5-2 算例 4.5-1
(a) 截面;(b) 应力计算结果

解:

混凝土弹性模量 $E_c = 25.5 \times 10^3 \, \text{N/mm}^2$,板托平均宽度 $= (440 + 200)/2 = 320 \, \text{mm}$

混凝土部件截面面积 $A_c = 1300 \times 80 + 320 \times 120 = 104000 + 38400 = 142.4 \times 10^3 \, \text{mm}^2$

混凝土部件截面形心轴至翼板顶面的距离

$$y_1 = \frac{104000 \times 40 + 38400 \times 140}{142400} = 67.0 \text{mm}$$

混凝土部件截面形心轴至板托底边的距离

$$y_2 = (120 + 80) - 67 = 133.0 \text{mm}$$

混凝土部件对形心轴的惯性

$$I_c = \frac{1}{12} \times 1300 \times 80^3 + 10400 \times (67-40)^2$$
$$+ \frac{1}{12} \times 320 \times 120^3 + 38400 \times (133-60)^2$$
$$= 313.8 \times 10^6 \text{mm}^4$$

对①点的截面模量 $W_1 = I_c/y_1 = 313.8 \times 10^6/67 = 4.68 \times 10^6 \text{mm}^3$

对②点的截面模量 $W_2 = I_c/y_2 = 313.8 \times 10^6/133 = 2.36 \times 10^6 \text{mm}^3$

钢梁的弹性模量 $E_s = 210 \times 10^3 \text{N/mm}^2$

I20b 钢梁的截面面积 $A_s = 3.96 \times 10^3 \text{mm}^2$

I20b 钢梁的截面惯性矩 $I_s = 25 \times 10^6 \text{mm}^4$

钢梁截面形心轴至上翼缘顶边及下翼缘底边的距离 $y_3 = y_4 = h_s/2 = 200/2 = 100 \text{mm}$

对钢梁上翼缘顶边③点的截面模量 $W_3 = I_s/y_3 = 25 \times 10^6/100 = 0.25 \times 10^6 \text{mm}^3$

对钢梁上翼缘底边④点的截面模量 $W_4 = I_s/y_4 = 25 \times 10^6/100 = 0.25 \times 10^6 \text{mm}^3$

综合后，

$$\frac{1}{E_c A_c} = \frac{1}{25.5 \times 10^3 \times 142.4 \times 10^3} = 0.275 \times 10^{-9} \text{N}^{-1}$$

$$\frac{1}{E_s A_s} = \frac{1}{210 \times 10^3 \times 3.96 \times 10^3} = 1.203 \times 10^{-9} \text{N}^{-1}$$

$$\frac{y_2}{E_c W_2} = \frac{133}{25.5 \times 10^3 \times 2.36 \times 10^6} = 2.210 \times 10^{-9} \text{N}^{-1}$$

$$\frac{y_3}{E_s W_3} = \frac{100}{210 \times 10^3 \times 0.25 \times 10^6} = 1.905 \times 10^{-9} \text{N}^{-1}$$

代入公式（4.5-1），得

$$T = \frac{\alpha_t \Delta t}{\left(\frac{1}{E_c A_c} + \frac{1}{E_s A_s}\right) + \left(\frac{y_2}{E_c W_2} + \frac{y_3}{E_s W_3}\right)}$$

$$= \frac{1.0 \times 10^{-5} \times 15}{[(0.275 + 1.203) + (1.817 + 1.905)] \times 10^{-9}}$$

$$= 26819 \text{N} = 26.819 \text{kN}$$

再代入公式（4.5-2），得

$$\sigma_{c1} = T\left(\frac{1}{A_c} - \frac{y_2}{W_1}\right) = 26819 \times \left(\frac{1}{142.4 \times 10^3} - \frac{133}{4.68 \times 10^6}\right)$$

$$= -0.59 \text{N/mm}^2 \text{（压）}$$

$$\sigma_{c2} = T\left(\frac{1}{A_c} + \frac{y_2}{W_2}\right) = 26819 \times \left(\frac{1}{142.4 \times 10^3} + \frac{133}{2.36 \times 10^6}\right)$$

$$= 1.70 \text{N/mm}^2 \text{（拉）}$$

$$\sigma_{s3} = -T\left(\frac{1}{A_s} + \frac{y_3}{W_3}\right) = -26819 \times \left(\frac{1}{3.96 \times 10^3} + \frac{100}{0.25 \times 10^6}\right)$$

$$= -17.50 \text{N/mm}^2 \text{（压）}$$

$$\sigma_{s4} = -T\left(\frac{1}{A_s} - \frac{y_3}{W_4}\right) = -26819 \times \left(\frac{1}{3.96 \times 10^3} - \frac{100}{0.25 \times 10^6}\right)$$

$$= 3.95 \text{N/mm}^2 \text{（拉）}$$

计算结果见图 4.5-2（b）。

在本算例的计算结果中，除 σ_{c2} 外，σ_{c1}、σ_{s3} 及 σ_{s4} 相对于材料自身的设计强度而言都是微不足道的。$\sigma_{c2} = 1.70 \text{N/mm}^2$，略大于其抗拉强度设计值 f_t（$=1.1 \text{N/mm}^2$），而小于其抗拉强度标准值 f_{tk}（$=1.54 \text{N/mm}^2$）。板托似乎有开裂可能，尤其是当 $\Delta t > 15°C$ 的时候。

【算例 4.5-2】 已知组合梁的截面几何特征同算例 4.5-1，混凝土收缩应变 $\varepsilon_{sh} = 0.00015$。

求叠合面上的相互作用力 T 并讨论。

解：

$$\frac{2}{E_c A_c} = 0.550 \times 10^{-9} \text{N}^{-1}$$

$$\frac{2y_2}{E_c W_2} = 4.426 \times 10^{-9} \text{N}^{-1}$$

其余量值与算例 4.5-1 相同。

代入公式（4.5-3）后，得

$$T = \frac{\varepsilon_{sh}}{\left(\frac{2}{E_c A_c} + \frac{1}{E_s A_s}\right) + \left(\frac{2y_2}{E_c W_2} + \frac{y_3}{E_s W_3}\right)}$$

$$= \frac{0.00015}{[(0.550 + 1.203) + (3.634 + 1.905)] \times 10^{-9}}$$

$$= 18569\text{N} = 18.6\text{kN}$$

由本算例计算结果可知，虽然 $\varepsilon_{sh} = 0.00015$，在上例中的 $\alpha_t \Delta t = 0.00001 \times 15 = 0.00015$，两者相当，但本算例在考虑混凝土徐变因素之后，$T$ 值比上例降低 31%。

4-6 组合梁考虑叠合缝相对滑移的弹性分析（基本原理及内力计算实例）

一、概述

引用换算截面几何特征进行组合梁弹性分析有一个前提，就是认为两个部件在叠合缝处无相对滑移。因为公式的形式及计算结果的规律与材料力学中的一般梁基本上一致，故深得工程人员的喜爱。事实上绝对刚性的抗剪连接件是不存在的，连接件沿梁的纵向受剪之后，叠合缝必然会伴有一定的相对滑移，承认这一事实存在之后，组合梁的分析方法和它的工作状况又该如何？这是一个悬念。

组合梁考虑叠合缝相对滑移后的弹性分析有两条途径，一是将抗剪连接件连续化后的解析法，一是离散型的电算数值解法，解析法可以给出函数解，直接表达所关心项目的函数变化；数值解法可用于任意荷载作用和任意连接布置情况，如果计算的基本假定相同，两种计算方法的计算结果也必然基本一致。

本节主要介绍解析法的基本原理及内力计算实例，关于梁的位移计算将安排在下一节。

二、基本假定

（1）混凝土与钢均为理想弹性体。

（2）抗剪连接件沿梁长均匀布置。

（3）受荷载之后，上面的混凝土部件与下面的钢部件有相同的曲率。

（4）就整个组合截面而言，不符合平截面假定，没有公共的中和轴；而单就混凝土部件及钢部件而言，各自均符合平截面假定，有各自的中和轴。

三、计算简图

计算微分单元见图 4.6-1。图中上面的为混凝土部件，其弹性模量、截面面积及截面惯性矩分别为 E_c、A_c 及 I_c；下面的为钢部件，其弹性模量、截面面积及截面惯性矩分别为 E_s、A_s 及 I_s；混凝土部件与钢部件截面形心之间距离为 h_0。简图中的上、下部件沿界面（又称叠合缝）分开，用单位长度上纵向剪应力 $q(x)$ 代表抗剪连接件的作用反应。在外弯矩 $M(x)$ 作用下，混凝土部件承受压力 N_c 及弯矩 M_c，钢部件承受拉力 N_s 及弯矩 M_s；其中 N_c 与 N_s 大小相等，均等于 N；而弯矩则有 $M(x)=$

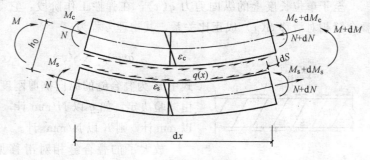

图 4.6-1 组合梁的计算微分单元

$Nh_0+(M_c+M_s)$ 的平衡关系，其中 Nh_0 称为第一弯矩 M_1，(M_c+M_s) 则称为第二弯矩 M_2。

四、微分方程及解

参见图 4.6-1，组合梁在变形之后，叠合缝上的上下相邻点有相对滑移 $S(x)$ 发生，ds 则是 dx 梁段上的相对滑移增量，而 $\dfrac{ds}{dx}$ 则可称为"滑移应变 ε_{slip}"。

叠合缝上的相对滑移应变是叠合缝上相邻点混凝土部件应变 ε_c 与钢部件应变 ε_s 不协调所致，有

$$\varepsilon_{slip}=\frac{ds}{dx}=\varepsilon_c-\varepsilon_s \qquad (a)$$

试想，如果 ε_c 与 ε_s 相等并且同号，则 $\varepsilon_{slip}=0$；如果 ε_c 与 ε_s 同号并且不相等，则 ε_{slip} 为两应变之差；而当 ε_c 与 ε_s 异号时，ε_{slip} 为两者绝对值之和。

在微分单元中，$N(x)$ 及 $q(x)$ 之一均可作为待定函数，根据平衡条件，$N(x)$ 与 $q(x)$ 有如下的固定关系，即

$$N(x)=N(o)+\int_0^x q(\zeta)d\zeta$$

或

$$q(x)=N'(x) \qquad (b)$$

至于单位长度上的纵向剪力 $q(x)$，在弹性工作阶段，它与叠合缝相对滑移 $S(x)$ 成正比关系，其物理方程为

$$q(x)=KS(x) \qquad (c)$$

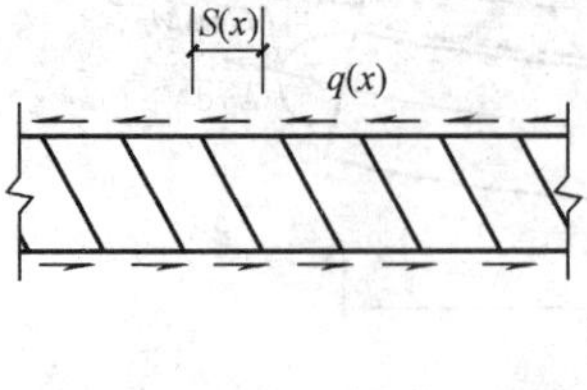

式中 K 为叠合缝的纵向抗剪刚度，由试验决定，如 q 以 N/mm 计，S 以 mm 计，则 K 以 N/mm² 计。

放大了的叠合缝相对滑移见图 4.6-2。

图 4.6-2 叠合缝的相对滑移

分析表明，根据公式 (a)，用 $N(x)$ 作待定函数来建立微分方程比用 $q(x)$ 更方便一些。

在 (a) 式左侧，根据 (b)、(c) 两式，有

$$\varepsilon_{\text{slip}} = \frac{ds}{dx} = \frac{1}{K}\frac{dq}{dx} = \frac{1}{K}N''(x)$$

在 (a) 式右侧，$(\varepsilon_c - \varepsilon_s)$ 包含两项，它们是：

(1) N 引起的相对应变，有

$$(\varepsilon_c - \varepsilon_s) = \left(\frac{1}{E_c A_c} + \frac{1}{E_s A_s}\right)N(x)$$

(2) $(M_c + M_s)$ 引起的相对应变，因为与 N 引起的相对应变方向相反，取负号，令 $\sum EI = E_c I_c + E_s I_s$，混凝土部件截面形心至叠合缝的距离为 a，钢部件截面形心至叠合缝的距离为 b，$(a+b) = h_0$，则

$$(\varepsilon_c - \varepsilon_s) = -\left(\frac{M_c a}{E_c I_c} + \frac{M_s b}{E_s I_s}\right)$$

$$= -\left(\frac{M_2 E_c I_c}{\sum EI} \times \frac{a}{E_c I_c} + \frac{M_2 E_s I_s}{\sum EI} \times \frac{b}{E_s I_s}\right)$$

$$= -\frac{M_2 h_0}{\sum EI} = -\frac{h_0}{\sum EI}[M(x) - N(x)h_0]$$

移项综合后，得关于 $N(x)$ 的微分方程

$$N''(x) - K\delta N(x) = K\Delta \qquad (d)$$

式中 δ——系数，$\delta = \left(\dfrac{1}{E_c I_c} + \dfrac{1}{E_s I_s} + \dfrac{h_0^2}{\sum EI}\right)$；

Δ——荷载项，$\Delta = -\dfrac{h_0}{\sum EI}M(x)$；

$M(x)$——组合截面所受的荷载弯矩。

如令 $\lambda^2 = K\delta$，上式可化成二阶常系数非齐次微分方程形式

$$N''(x) - \lambda^2 N(x) = K\Delta \qquad (4.6\text{-}1)$$

式中 λ——特征值，$\lambda^2 = K\delta$；

$$\Delta = -\frac{h_0}{\sum EI} M(x);$$

$$\delta = \left(\frac{1}{E_c A_c} + \frac{1}{E_s A_s} + \frac{h_0^2}{\sum EI}\right);$$

$$\sum EI = E_c I_c + E_s I_s;$$

h_0——第一弯矩的内力偶臂，等于混凝土翼板截面形心与钢梁截面形心之间的距离。

对于均布荷载 p 作用下的简支梁，设坐标原点位于梁跨中点，且梁跨为 $2l$，则

$$M(x) = p\left(\frac{l^2}{2} - \frac{x^2}{2}\right)$$

方程（4.6-1）可具体地写成

$$N''(x) - K\delta N(x) = -\frac{Kh_0 p}{\sum EI}\left(\frac{l^2}{2} - \frac{x^2}{2}\right) \quad (4.6\text{-}1a)$$

方程（4.6-1a）的解可由以下的（a）式通解与（b）、（c）式的特解相加组成：

$$N_0''(x) - \lambda^2 N(x) = 0 \tag{a}$$

$$N_1''(x) - K\delta N(x) = -\frac{Kh_0 p}{2\sum EI} l^2 \tag{b}$$

$$N_2''(x) - K\delta N(x) = \frac{Kh_0 p}{2\sum EI} x^2 \tag{c}$$

对方程（a），其通解为

$$N_0(x) = C_1 \operatorname{sh}\lambda x + C_2 \operatorname{ch}\lambda x \tag{d}$$

对方程（b）其特解为

$$N_1(x) = \frac{h_0 p}{2\delta \sum EI} l^2 \tag{e}$$

对方程（c），其特解为

$$N_2(x) = -\frac{h_0 p}{2\delta \sum EI} x^2 - \frac{h_0 p}{\lambda^2 \delta \sum EI} \tag{f}$$

将 (d)、(e)、(f) 三式相加，得全解

$$N(x) = N_0(x) + N_1(x) + N_2(x)$$
$$= C_1 \text{sh}\lambda x + C_2 \text{ch}\lambda x + \frac{h_0 p}{2\delta \sum EI} l^2 - \frac{h_0 p}{2\delta \sum EI} x^2 - \frac{h_0 p}{\lambda^2 \delta \sum EI}$$
$$(g)$$

由跨中处边界条件，$q(0) = N'(0) = 0$，

得 $\qquad\qquad\qquad C_1 = 0$

这时，(g) 式可写成

$$N(x) = C_2 \text{ch}\lambda x + \frac{h_0 p}{2\delta \sum EI} l^2 - \frac{h_0 p}{2\delta \sum EI} x^2 - \frac{h_0 p}{\lambda^2 \delta \sum EI} \qquad (h)$$

再由支座处边界条件，$N(l) = 0$，

得 $\qquad\qquad C_2 = \frac{h_0 p}{\lambda^2 \delta \sum EI \text{ch}\lambda l}$

代入 (h) 式，最后得

$$N(x) = \frac{h_0 p}{\delta \sum EI} \left(\frac{l^2 - x^2}{2} - \frac{\text{ch}\lambda l - \text{ch}\lambda x}{\lambda^2 \text{ch}\lambda l} \right) \qquad (4.6\text{-}2)$$

以及

$$q(x) = N'(x) = -\frac{h_0 p}{\delta \sum EI} \left(x - \frac{\text{sh}\lambda x}{\lambda \text{ch}\lambda l} \right) \qquad (4.6\text{-}3)$$

$$S(x) = \frac{q(x)}{K} = -\frac{h_0 p}{\lambda^2 \sum EI} \left(x - \frac{\text{sh}\lambda x}{\lambda \text{ch}\lambda l} \right) \qquad (4.6\text{-}4)$$

$$\varepsilon_{\text{slip}}(x) = S'(x) = -\frac{h_0 p}{\lambda^2 \sum EI} \left(1 - \frac{\text{ch}\lambda x}{\text{ch}\lambda l} \right) \qquad (4.6\text{-}5)$$

均布荷载及集中力荷载作用下的 $N(x)$ 及 $q(x)$ 公式见表 4.6-1。

五、叠合缝的纵向抗剪刚度 K、部件的综合柔度系数 δ 及梁的组合特征值 λ

与组合梁叠合缝相对滑移程度有关的因素有 A_c、I_c、E_c、A_s、I_s、E_s、h_0、n_s、k 及 u 共 10 个之多，在建立微分方程及求解的过程中它们自然而然地综合成两个参数 K 及 δ，最后又进一步综合成一个参数 λ，$\lambda^2 = K\delta$。它们都有深刻的含义，对它们

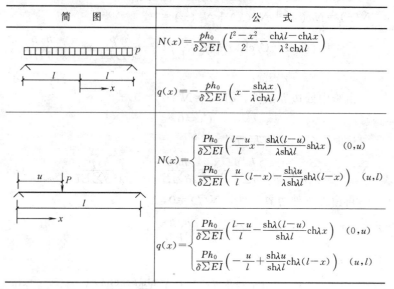

的理解可以加深对组合梁实际工作状况的理解。

(1) 叠合缝的纵向抗剪刚度 K

组合梁中混凝土部件与钢部件之所以能协同工作，在于在叠合缝内设置了抗剪连接件（见图 1.2-2），它阻碍了叠合缝的相对滑移。因此，叠合缝的纵向抗剪刚度 K 首先与连接件的抗剪刚度 k 有关，此外还因连接件纵向间距 u 以及它焊在钢梁上的列数 n_s 等布置情况而异。关于抗剪连接件的纵向抗剪刚度 k，它只能由试验测得的纵向剪力-滑移曲线（N_v-Δ 曲线）确定。在图 4.6-3 中，N_v-Δ 曲线的原型为曲线，如果简化成双折线，则折线上升段的斜率就是该抗剪连接件弹性的纵向抗剪刚度 k，单位以 N/mm 计。对于栓钉连接件，根据

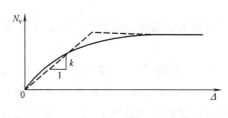

图 4.6-3 连接件 N_v-Δ 曲线示意图

后面公式（6.3-9）所给的 N_v-Δ 曲线表达式推算，k 值可取等于 $1.0N_v^c$，其中 N_v^c 为连接件的抗剪承载力设计值；考虑连接件纵向间距 u 及列数 n_s 等因素之后，叠合缝的纵向抗剪刚度 K 可表达为：

$$K=q(x)_{\Delta=1}=\frac{n_s k}{u\times 1}=\frac{n_s\times 1.0N_v^c}{u\times 1} \qquad (4.6\text{-}6)$$

叠合缝的 K 值的单位为 N/mm^2。

(2) 部件的综合柔度系数 δ

它与组合梁混凝土部件及钢部件的截面刚度（$E_c A_c$、$E_s A_s$ 及 $\sum EI$）的倒数以及这两种部件截面形心之间距离 h_0 有关。因为用刚度的倒数表示，所以 δ 可以理解为两个部件的综合柔度系数。δ 的单位为 $1/N$。

(3) 组合梁的组合特征值 λ

在组合梁的微分方程中以及后面的一系列公式中，经常有一个符号出现，那就是组合梁的组合特征值 λ。它是综合反映混凝土部件与钢部件组合程度的参数，当 $\lambda=0$，表示无组合，自由滑移；当 $\lambda=\infty$，表示叠合缝为绝对刚性，无滑移，实例分析表明，当 $\lambda\geqslant 6$ 时，滑移甚微，已有充分理由把叠合缝视为绝对刚性，误差在千分之六以内。$\lambda^2=K\delta$ 还可以表示为叠合缝纵向抗剪刚度 K 与部件截面刚度的相对比值。当叠合缝纵向抗剪刚度 K 大而部件的截面刚度（$E_c A_c$、$E_c I_c$、$E_s A_s$、$E_s I_s$）小时，则 λ 值大，表示组合程度强；如果 K 值不变而部件截面刚度大时，则 λ 值小，表示组合程度差；K 值虽小而部件的截面刚度更小时，λ 值仍然可以很大，一切视相对比较而定。今后，在考虑叠合缝相对滑移进行组合梁分析时，第一步就是要计算梁的组合特征值 λ，λ 的单位以 mm^{-1} 计，但一般以 m^{-1} 计更为方便，在实际工程中 λ 可能是一个变化不大的值。

六、算例及受力特点讨论

1. 计算框图

组合梁考虑叠合缝相对滑移弹性分析的计算路线如以下框图所示。

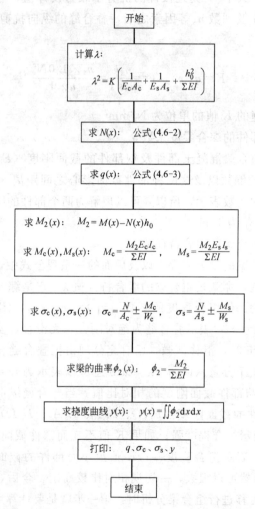

2. ［算例 4.6-1］

已知组合梁截面 $b_e=1330\text{mm}$，$h_c=100\text{mm}$，C25 混凝土；I30b 钢梁，Q235；梁的半跨长 $l=4.5\text{m}$；抗剪连接件的纵向抗剪承载力设计值 $N_v^c=67\text{kN}$，连接件纵向间距 $u=193\text{mm}$，1 列

布置，$n_s=1$；均布荷载标准值 $p=22\text{kN/m}$。

求 $x=0$、$0.25l$、$0.5l$、$0.75l$ 及 l 处的 $N(x)$、$q(x)$、$M_c(x)$、$M_s(x)$ 及 $\sigma(x)$。

解：
(1) 求组合特征值 λ

混凝土部件

$E_c=28\times10^6\text{kN/m}^2$，$A_c=1.33\times0.1=0.133\text{m}^2$

$I_c=\dfrac{1}{12}\times1.33\times0.1^3=1.108\times10^{-4}\text{m}^4$

$E_cA_c=3.724\times10^6\text{kN}$，$E_cI_c=3.102\times10^3\text{kN}\cdot\text{m}^2$

钢部件

$E_s=210\times10^6\text{kN/m}^2$，$A_s=6.725\times10^{-3}\text{m}^2$

$I_s=94\times10^{-6}\text{m}^4$；

$E_sA_s=1.412\times10^6\text{kN}$，$E_sI_s=19.74\times10^3\text{kN}\cdot\text{m}^2$

综合柔度系数 δ

$$\dfrac{1}{E_cA_c}+\dfrac{1}{E_sA_s}=\dfrac{1}{3.724\times10^6}+\dfrac{1}{1.412\times10^6}$$
$$=(0.269+0.708)\times10^{-6}$$
$$=0.977\times10^{-6}\text{kN}^{-1}$$

$$\dfrac{h_0^2}{\sum EI}=\dfrac{0.2^2}{(3.102+19.740)\times10^3}=\dfrac{0.04}{22.842\times10^3}$$
$$=1.751\times10^{-6}\text{kN}^{-1}$$

$$\delta=\left(\dfrac{1}{E_cA_c}+\dfrac{1}{E_sA_s}+\dfrac{h_0^2}{\sum EI}\right)=(0.977+1.751)\times10^{-6}$$
$$=2.728\times10^{-6}\text{kN}^{-1}$$

叠合缝抗剪刚度 K

$$K=\dfrac{1.0N_v^c}{u\times1}=\dfrac{67000}{193\times1}=347\text{N/mm}^2=347\times10^3\text{kN/m}^2$$

组合特征值

$\lambda^2=K\delta=347\times10^3\times2.728\times10^{-6}=947\times10^{-3}\text{m}^{-2}$

$\lambda=0.973\text{m}^{-1}$

(2) 求 $N(x)$

基本公式

$$N(x)=\frac{h_0 p}{\delta \sum EI}\left(\frac{l^2-x^2}{2}-\frac{\mathrm{ch}\lambda l-\mathrm{ch}\lambda x}{\lambda^2 \mathrm{ch}\lambda l}\right)$$

$$=\frac{h_0 p}{\delta \sum EI}\left[\frac{l^2-x^2}{2}-\frac{1}{\lambda^2}\left(1-\frac{\mathrm{ch}\lambda x}{\mathrm{ch}\lambda l}\right)\right]$$

其中　　$\dfrac{h_0 p}{\delta \sum EI}=\dfrac{0.2\times 22}{2.728\times 10^{-6}\times 22.842\times 10^3}=70.6\mathrm{kN/m^2}$

$\dfrac{1}{\lambda^2}=\dfrac{1}{947\times 10^{-3}}=1.056\mathrm{m^2}$

$\mathrm{ch}\lambda l=\mathrm{ch}(0.973\times 4.5)=\mathrm{ch}4.379=39.9566$

$l^2=4.5^2=20.25\mathrm{m^2}$

得

$$N(x)=70.6\left[\frac{20.25-x^2}{2}-1.056\left(1-\frac{\mathrm{ch}\lambda x}{39.9560}\right)\right]$$

列表计算

$N(x)$ 计算

$\dfrac{x}{l}$	$x(\mathrm{m})$	λx	$\dfrac{20.25-x^2}{2}$ ($\mathrm{m^2}$)	$\mathrm{ch}\lambda x$	$\dfrac{\mathrm{ch}\lambda x}{39.9566}$	$N(x)$ (kN)
0	0	0	10.1250	1.0000	0.0251	642.7
0.25	1.125	1.095	9.4922	1.6419	0.0411	598.7
0.50	2.250	2.189	7.5938	4.5293	0.1133	470.0
0.75	3.375	3.284	4.4297	13.3171	0.3333	263.0
1.00	4.500	4.379	0	39.7628	1.0000	0

(3) 求 $q(x)$

基本公式

$$q(x)=-\frac{h_0 p}{\delta \sum EI}\left(x-\frac{\mathrm{sh}\lambda x}{\lambda \mathrm{ch}\lambda l}\right)$$

其中　$\lambda \mathrm{ch}\lambda l=0.973\times 39.9566=38.878\mathrm{m^{-1}}$

得

$$q(x) = -70.6\left(x - \frac{\mathrm{sh}\lambda x}{38.878}\right)$$

列表计算

$q(x)$ 计算

x/l	x(m)	λx	$\mathrm{sh}\lambda x$	$\mathrm{sh}\lambda x/39.795$	$q(x)$ (kN/m)
0	0	0	0	0	0
0.25	1.125	1.095	1.3273	0.0341	−77.0
0.50	2.250	2.189	4.4136	0.3735	−150.8
0.75	3.375	3.289	13.2795	0.3420	−241.1
1.00	4.500	4.379	39.9441	1.0274	−245.2

(4) 求 M_c 及 M_s

基本公式

$$M_2(x) = M(x) - h_0 N(x) = \frac{p(l^2 - x^2)}{2} - h_0 N(x)$$

$$= 11 \times (20.25 - x^2) - 0.2 N(x)$$

其中 $M(x) = \dfrac{p(l^2 - x^2)}{2} = 11 \times (20.25 - x^2)$

$h_0 N(x) = 0.2 N(x)$

将 $M_2(x)$ 按混凝土翼板与钢梁在截面刚度之间的比例分配，使得

$$M_c = \frac{E_c I_c}{\sum EI} M_2(x) = \frac{3.102}{22.842} M_2(x) = 0.136 M_2(x)$$

$$M_s = \frac{E_s I_s}{\sum EI} M_2(x) = \frac{19.740}{22.842} M_2(x) = 0.864 M_2(x)$$

列表计算

$M_c(x)$ 及 $M_s(x)$ 计算

$\dfrac{x}{l}$	x (m)	$M(x)$ (kN·m)	N (kN)	$0.2N$ (kN)	M_2 (kN·m)	M_c (kN·m)	M_s (kN·m)
0	0	222.8	642.1	128.4	94.4	12.8	81.6
0.25	1.125	208.8	598.7	119.7	89.1	12.1	77.0
0.50	2.250	167.1	470.0	94.0	73.1	9.9	63.2
0.75	3.375	97.5	263.0	52.6	44.9	6.1	38.8
1.00	4.500	0	0	0	0	0	0

(5) 求 $\sigma(x)$

基本公式

$$\sigma_{c1} = \frac{-N}{A_c} - \frac{M_c}{W_c}, \quad \text{混凝土翼板顶面处}$$

$$\sigma_{c2} = \frac{-N}{A_c} + \frac{M_c}{W_c}, \quad \text{混凝土翼板叠合缝处}$$

$$\sigma_{s3} = \frac{N}{A_c} - \frac{M_s}{W_s}, \quad \text{钢梁叠合缝处}$$

$$\sigma_{s4} = \frac{N}{A_c} + \frac{M_s}{W_s}, \quad \text{钢梁底边处}$$

其中 $A_c = b_e h_c = 1330 \times 100 = 133 \times 10^3 \text{ mm}^2$

$$W_c = \frac{1}{6} b_e h_c^2 = \frac{1}{6} \times 1330 \times 100^2 = 2.217 \times 10^6 \text{ mm}^3$$

$A_s = 6.725 \times 10^3 \text{ mm}^2$

$$W_s = \frac{I_s}{150} = \frac{94 \times 10^6}{150} = 0.627 \times 10^6 \text{ mm}^3$$

列表计算

$\sigma(x)$ 计算

| $\dfrac{x}{l}$ | N ($\times 10^3$ N) | M_c ($\times 10^6$ N·mm) | M_s | σ_{c1} | σ_{c2} | σ_{s3} | σ_{s4} |
				(N/mm²)			
0	642.1	12.8	81.6	−10.6	+0.95	−34.7	+225.6
0.25	598.7	12.1	77.0	−10.0	+0.96	−33.8	+211.8
0.50	470.0	9.9	63.2	−8.0	+0.93	−30.9	+170.7
0.75	263.0	6.1	38.8	−4.7	+0.77	−22.8	+101.0
1.00	0	0	0	0	0	0	0

3. 受力特点讨论

讨论重点定位在如果不考虑叠合缝相对滑移（简称无滑移）按换算截面计算，其计算结果与本算例（简称有滑移）计算结果差别有多大？

关于 $\sigma(x)$

如果不考虑叠合缝相对滑移，按换算截面计算的应力公式为：

$$\sigma_c = \frac{My}{\alpha_E I_{eq}}$$

$$\sigma_s = \frac{My}{I_{eq}}$$

由算例 4.2-1 已知，该截面的 $I_{eq} = 303.3 \times 10^6 \text{mm}^4$，$\alpha_E = 7.5$，钢梁下翼缘至中和轴距离 $y = y_{st} = 294.7\text{mm}$，混凝土翼板顶面至中和轴距离 $y = $ 梁高 $- y_{sc} = 400 - 294.7 = 105.3\text{mm}$，叠合缝至中和轴距离 $y = $ 钢梁高 $- y_{sc} = 300 - 294.7 = 5.3\text{mm}$。

选取 $x = 0$ 及 $x = 3.375\text{m}$ 两个截面作为计算对象，该处 $M(0) = 228\text{kN} \cdot \text{m}$，$M(3.375) = 97.5\text{kN} \cdot \text{m}$，算得的 σ_{c1}、σ_{c2}、σ_{s3}、σ_{s4} 列于下表的第 4 行，以前的有滑移计算结果则列于下表的第 3 行。

$\sigma(x)$ 对比计算

截面	$x=0$				$x=3.375\text{m}$			
$\sigma(x)(\text{N/mm}^2)$	σ_{c1}	σ_{c2}	σ_{s3}	σ_{s4}	σ_{c1}	σ_{c2}	σ_{s3}	σ_{s4}
有滑移理论	-10.6	$+1.0$	-39.7	$+225.6$	-4.7	$+0.8$	-22.8	$+101.0$
无滑移理论	-10.3	-0.5	-39.3	$+209.8$	-4.5	-0.2	-1.7	$+91.8$

由表可见，两种计算方案的 σ_{c1} 及 σ_{s4} 值大致相同，只是无滑移理论计算结果偏小 3%～9%，稍为偏于不安全方面；至于 σ_{c2} 及 σ_{s3} 两种计算方案的结果相差很大，甚至连应力符号都不一样。

因为在组合梁的试验中往往发现实测的 σ_{c1} 及 σ_{s4} 值与按换算截面理论的计算值很接近，作者就有过这方面的体会，因而往往给出了组合梁受弯之后在整体上符合平截面假定的结论，认为叠合缝相对滑移影响可以不计。仅对 σ_{c1} 及 σ_{s4} 而言，这点在实用上确实能获得认可；而对叠合缝处的 σ_{c2} 及 σ_{s3} 而言，从理性上讲这个结论则是不能成立的。

关于 $q(x)$

按换算截面无滑移理论计算的 $q(x)$ 公式如下：

$$q(x) = \frac{V(x)S}{I_{eq}}$$

其中 $V(x)$ 为梁的剪力图表达式，在梁的右半跨，$V(x) = -px = -22x$；S 为混凝土翼板对换算截面形心轴的换算面积矩，$S = 1330 \times 100 \times (400 - 294.7 - 50)/\alpha_E = 1330 \times 100 \times 55.3/7.5 = 0.98 \times 10^6 \text{mm}^3$。现将其计算结果列于下表的第 3 行，而将以前的有滑移理论计算结果列于下表的第 2 行，并且一并示于图 4.6-4。

$q(x)$ 对比计算

	$\frac{x}{l}$	0	0.25	0.50	0.75	1.0
$q(x)$ (kN/m)	有滑移理论	0	−77	−151	−214	−245
	无滑移理论	0	−80	−160	−240	−320

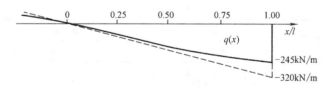

图 4.6-4 $q(x)$ 计算值的对比

可见，按无滑移理论计算，$q(x)$ 图与剪力图 $V(x)$ 相似，呈线性表示，见图中虚线；而按有滑移理论计算，$q(x)$ 呈曲线表示，并且都小于无滑移理论的计算值，见图中实线，越近支座，差值越大，在支座处，有滑移计算所得的 $q(4.5) = 245 \text{kN/m}$，为无滑移理论计算值（320kN/m）的 77%。

至于在使用阶段，连接件所受的最大剪力，等于 $q(4.5) \times u = 245 \times 0.193 = 47.3$ kN，为该栓钉承载力（67.0kN）的 0.7 倍；如若按无滑移理论，它的最大剪力等于 $320 \times 0.193 = 60.8$ kN，距承载力设计值只有一步之遥，这显然是误导。

本来，当抗剪连接件受力滑移之后，所受的纵向剪力将会有一定程度的"卸荷"，连接件相对滑移愈大，卸荷愈多，所以按有滑移理论的计算结果合情合理，偏小的计算值设计上也很容易通过。

关于 M_2

以跨中截面为例，该处 $M(0) = 222.8$ kN·m，相应的 $M_2(0) = 94.4$ kN·m，是 $M(0)$ 的 0.42 倍；而 $M_s(0) = 81.6$ kN·m，又是 $M_2(0)$ 的 0.86 倍，钢部件是承受第二弯矩的主角；混凝土部件所承受的弯矩很小，只占第二弯矩的 1/7。

组合梁考虑叠合缝相对滑移算得的内力与不考虑叠合缝相对滑移时相比，$N(x)$ 偏小而 $M_2(x)$ 偏大；至于 $M(x) = N(x)h_0 + M_2(x)$ 的平衡关系则始终不变。

4-7 组合梁考虑叠合缝相对滑移的弹性分析（位移部分）

这一节是 4-6 节的延续，涉及梁的位移计算，包括梁的挠度 $y(x)$ 及转角 $y'(x)$，其基本思路在上一节算例的计算框图（路线图）中已经提到，这一节是把它落实，主要是建立它们在均布荷载及集中力作用下的基本公式。

（1）在均布荷载 p 作用下，坐标原点位于跨中、跨长为 $2l$ 的简支组合梁

由 4-6 节已知，此时 $M(x) = p\left(\dfrac{l^2 - x^2}{2}\right)$，微分方程的解为公式（4.6-2），即

$$N(x) = \frac{ph_0}{\delta \sum EI}\left(\frac{l^2 - x^2}{2} - \frac{\operatorname{ch}\lambda l - \operatorname{ch}\lambda x}{\lambda^2 \operatorname{ch}\lambda l}\right)$$

而第二弯矩 $M_2(x)=M(x)-N(x)h_0$。

令 $\phi_2(x)$ 为坐标 x 处的组合梁曲率,有

$$\phi_2(x)=\frac{M_2(x)}{\sum EI} \tag{4.7-1}$$

而曲率 $\phi_2(x)$ 与梁的挠度曲线 $y(x)$ 之间有 $y''(x)=\phi_2(x)$ 微分关系,如对 $y''(x)$ 积分一次、两次,并考虑在 $x=0$ 处 $y'(0)=0$ 及在 $x=l$ 处 $y(l)=0$ 两个边界条件,便得

$$y'(x)=\frac{pl^2 x}{2\sum EI}-\frac{px^3}{6\sum EI}-\frac{ph_0^2}{\delta \sum E^2 I^2}\left(\frac{l^2 x}{2}-\frac{x^3}{6}-\frac{\lambda x \operatorname{ch}\lambda l-\operatorname{sh}\lambda x}{\lambda^3 \operatorname{ch}\lambda l}\right) \tag{4.7-2}$$

及

$$y(x)=\frac{pl^2}{4\sum EI}(x^2-l^2)-\frac{p}{24\sum EI}(x^4-l^4)$$

$$-\frac{ph_0^2}{\delta \sum E^2 I^2}\left(\frac{l^2}{4}(x^2-l^2)-\frac{x^4-l^4}{24}-\frac{x^2-l^2}{2\lambda^2}+\frac{\operatorname{ch}\lambda x-\operatorname{ch}\lambda l}{\lambda^4 \operatorname{ch}\lambda l}\right) \tag{4.7-3}$$

式中　p——单位梁长上的均布荷载;

l——梁的半跨跨长。

其余的 $\sum EI$、h_0、δ 及 λ 等符号的定义见公式 (4.6-1)。

在 $x=0$ 处(跨中),挠度最大,有

$$y_{\max}=-\frac{5pl^4}{24\sum EI}+\frac{ph_0^2}{\delta \sum E^2 I^2}\left(\frac{5l^4}{24}-\frac{l^2}{2\lambda^2}-\frac{1-\operatorname{ch}\lambda l}{\lambda^4 \operatorname{ch}\lambda l}\right) \tag{4.7-4}$$

(2) 在距左支座 u 处集中力 P 的作用下,坐标原点位于左支座处、跨长为 l 的简支组合梁

此时,除非荷载 P 作用于跨中 ($u=l/2$),荷载作用点左 $(0,u)$、右 (u,l) 两侧的 $M(x)$ 不对称,两侧将各自有一套 $y'(x)$ 及 $y(x)$ 公式,同时在对 $y''(x)$ 的一次、二次积分的过程中,两侧相应地各有一套积分常数 C_1、C_3 及 C_2、C_4。这些积

分常数可由 $y(0)=0$、$y(l)=0$、$y'_{左}(u)=y'_{右}(u)$ 及 $y_{左}(u)=y_{右}(u)$ 四个边界条件联立确定，最后得

$$y'(x) = \begin{cases} \dfrac{P(l-u)}{2l\sum EI}x^2 - \dfrac{Ph_0^2}{\delta\sum E^2 I^2}\left(\dfrac{l-u}{2l}x^2 - \dfrac{\text{sh}\lambda(l-u)}{\lambda^2\text{sh}\lambda l}\text{ch}\lambda x\right) + C_1 \\ (0, u) \hfill (4.7\text{-}5a) \\ \dfrac{Pu}{l\sum EI}\left(lx - \dfrac{x^2}{2}\right) - \dfrac{Ph_0^2}{\delta\sum E^2 I^2}\left[\dfrac{u}{l}\left(lx - \dfrac{x^2}{2}\right) + \dfrac{\text{sh}\lambda u}{\lambda^2\text{sh}\lambda l}\text{ch}\lambda(l-x)\right] + C_2 \\ (u, l) \hfill (4.7\text{-}5b) \end{cases}$$

及

$$y(x) = \begin{cases} \dfrac{P(l-u)}{6l\sum EI}x^3 - \dfrac{Ph_0^2}{\delta\sum E^2 I^2}\left(\dfrac{l-u}{6l}x^3 - \dfrac{\text{sh}\lambda(l-u)}{\lambda^3\text{sh}\lambda l}\text{sh}\lambda x\right) + C_1 x + C_3 \\ (0, u) \hfill (4.7\text{-}6a) \\ \dfrac{Pu}{l\sum EI}\left(\dfrac{lx^2}{2} - \dfrac{x^3}{6}\right) - \dfrac{Ph_0^2}{\delta\sum E^2 I^2}\left[\dfrac{u}{l}\left(\dfrac{lx^2}{2} - \dfrac{x^3}{6}\right) - \dfrac{\text{sh}\lambda u}{\lambda^3\text{sh}\lambda l}\text{sh}\lambda(l-x)\right] + C_2 x + C_4 \\ (u, l) \hfill (4.7\text{-}6b) \end{cases}$$

其中

$$C_1 = \frac{Pu^2}{2\sum EI} - \frac{Pu^3}{6l\sum EI} - \frac{Pul}{3\sum EI} + \frac{Ph_0^2}{\delta\sum E^2 I^2}$$
$$\times \left(\frac{u^3}{6l} + \frac{ul}{3} + \frac{u}{\lambda^2 l} - \frac{u^2}{2} - \frac{1}{\lambda^2}\right) \quad (4.7\text{-}7a)$$

$$C_2 = -\frac{Pu^3}{6l\sum EI} - \frac{Pul}{3\sum EI} + \frac{Ph_0^2}{\delta\sum E^2 I^2}\left(\frac{u^3}{6l} + \frac{ul}{3} + \frac{u}{\lambda^2 l}\right) \quad (4.7\text{-}7b)$$

$$C_3 = 0 \quad (4.7\text{-}7c)$$

$$C_4 = \frac{Pu^3}{6\sum EI} - \frac{Ph_0^2}{\delta\sum E^2 I^2}\left(\frac{u^3}{6} + \frac{u}{\lambda^2}\right) \quad (4.7\text{-}7d)$$

式中 P——集中力作用；

u——集中力作用点距坐标原点（左支座处）的距离；

l——梁的跨长。

其余符号的定义见公式（4.6-1）。

在集中力荷载作用下，最大挠度点在 $x \in (3l/8, 5l/8)$ 之间，也就是位于跨中左右各 $l/8$ 的范围内，而且随着作用点位置向跨中移动而同趋势向跨中靠近。分析还发现，跨中挠度与最大

挠度相差一般不超过 5%，为便于设计，建议用梁跨的中点挠度值作为梁的最大挠度值，如下：

令 $u/l=\alpha$，则

当 $\alpha \in (0, 0.5)$ 时

$$y_{max} = \frac{Pl^3}{48\sum EI}(4\alpha^3 - 3\alpha) - \frac{Ph_0^2}{\delta\sum E^2 I^2}$$
$$\times \left[\frac{l^3}{48}(4\alpha^3 - 3\alpha) + \frac{l}{2\lambda^2}\alpha - \frac{\sh\lambda l\alpha}{2\lambda^3 \ch\frac{\lambda l}{2}}\right] \quad (4.7\text{-}8)$$

当 $\alpha \in (0.5, 1)$ 时

将公式（4.7-8）中的 α 用 $(1-\alpha)$ 置换即可。

（3）在梁跨的三等分点处，各作用集中力 P 时

$$y_{max} = -\frac{23}{188}\frac{Pl^3}{\sum EI} + \frac{Ph_0^2}{\delta\sum E^2 I^2}\left\{\frac{23}{188}l^3 - \frac{l}{3\lambda^2} + \frac{\sh\frac{\lambda l}{3}}{\lambda^3 \ch\frac{\lambda l}{2}}\right\}$$

$$(4.7\text{-}9)$$

【算例 4.7-1】 由算例 4.6-1 的已知条件，求该梁的跨中挠度 y_{max} 并讨论。

解：

由［算例 4.6-1］条件及计算结果，已知

$p = 22\text{kN/m}$

$2l = 9\text{m}$，$l = 4.5\text{m}$

$h_0 = 0.2\text{m}$

$\sum EI = 22.842 \times 10^3 \text{kN}\cdot\text{m}^2$

$\delta = 2.728 \times 10^{-6} \text{kN}^{-1}$

$\lambda = 0.973\text{m}^{-1}$，$\lambda^2 = 947 \times 10^{-3}\text{ m}^{-2}$

$\ch\lambda l = 39.9566$

$E = 210 \times 10^6 \text{kN/m}^2$　　$I_{eq} = 303.3 \times 10^{-6} \text{m}^4$

$EI_{eq} = 63693\text{kN}\cdot\text{m}^2$

将以上资料代入公式（4.7-4），得

$$y_{max} = -\frac{5pl^4}{24\sum EI} + \frac{ph_0^2}{\delta\sum E^2 I^2}\left(\frac{5l^4}{24} - \frac{l^2}{2\lambda^2} - \frac{1-\text{ch}\lambda l}{\lambda^4 \text{ch}\lambda l}\right)$$

$$= -\frac{5\times 22\times 4.5^4}{24\times 22.842\times 10^3} + \frac{22\times 0.2^2}{2.728\times 10^{-6}\times 22.842^2\times 10^6}$$

$$\times \left(\frac{5\times 4.5^4}{24} - \frac{4.5^2}{2\times 947\times 10^{-3}} - \frac{1-39.9566}{0.973^4\times 39.9566}\right)$$

$$= -0.0363\text{m} = -36.3\text{mm}$$

讨论：

如果认为叠合缝为绝对整体，无相对滑移，参考算例 4.2-1 梁的短暂截面刚度 $EI_{eq} = 210\times 10^3 \times 303.3\times 10^6\text{N}\cdot\text{mm}^2 = 63693\text{kN}\cdot\text{m}^2$，可以用熟知的材料力学公式求跨中挠度 y_{max}。

$$y_{max} = \frac{5p(2l)^4}{384 EI_{eq}} = \frac{5\times 22\times 9^4}{384\times 63693} = 0.0295\text{m} = 29.5\text{mm}$$

与实际情况 $y_{max} = 36.3\text{mm}$ 相比，比值为 0.81。

要是打算沿用工程人员习惯的截面刚度 EI_{eq} 概念和熟知的材料力学挠度计算公式，为保证挠度计算结果实际情况相符，此地应将该截面刚度乘以折减系数 0.81。

【算例 4.7-2】已知条件同 [算例 4.6-1]，只是梁的叠合缝抗剪刚度 K 有一些变动，使得组合特征值 λ 亦随之变化。

要求在 $\lambda = 0.973\text{m}^{-1}$ 的基础上，补算 $\lambda = 0.782$、0.879、1.075 及 1.172m^{-1} 时的 y_{max} 值及截面刚度折减系数，并讨论分析。

解：

计算过程同 [算例 4.7-1]，现将计算结果列表如下：

λ 与截面折减系数关系

λ (1/m)	0.782	0.879	0.973	1.075	1.172
y_{max} (mm)	38.1	36.8	36.3	34.1	33.7
折减系数	0.774	0.806	0.813	0.858	0.875

讨论：

由表可见，折减系数随λ增大而增大，如以λ＝0.977m^{-1}为基准，当λ变化±20%，截面刚度折减系数仅加大5%及减小7%，变化并不十分显著。

由公式（4.7-4）剖析，发现该公式包含四项，其中含参数λ的有两项，在本算例中，由这两项所算得的挠度为7.1mm，占总挠度36.3mm的1/5左右，因所占比重不大，故任凭λ值有所波动，折减系数变化不显著亦应是理所当然。

第五章 组合梁截面的塑性分析

5-1 概 述

因为混凝土是弹塑性材料,钢材是理想的弹性-塑性材料,组合梁截面按弹性理论分析只有当混凝土的最大压应力小于 $0.5f_c$ 且钢材最大拉应力小于 f 时才能认为是正确的。因此,弹性分析用来计算在使用阶段组合截面的应力及刚度是可信的。而在确定构件的承载力方面,由于未曾计及塑性变形发展带来的强度潜力,计算结果偏于保守,而且也不符合实际的工作情况。因此,除了直接承受动力作用的组合梁,一般都用塑性分析法来计算构件的承载能力。

塑性设计法除了计算公式简明之外,由于在塑性工作阶段不存在应力叠加问题,初应力的存在不影响构件的最终承载力;该法对作用效应的考虑也比较单一,不必考虑是持续作用效应还是短暂作用效应。由于相同的理由,不论组合梁在施工阶段梁下有无临时支承,均可以认为其最终承载能力是相同的,一般的温差应力及混凝土收缩应力在计算承载力时也不必考虑。

正如第 2-4 节所指出的那样,为了保证组合梁在直至破坏的整个受力过程中塑性变形得以充分发展,其钢梁的板件宽厚比应该符合表 2.4-1 的规定要求,尤其是负弯矩作用时更应多加注意。

5-2 组合梁的抗弯承载力计算

一、组合截面正弯矩承载力计算

1. 基本假定

在确定组合梁截面正弯矩抗弯承载力时,采用以下几点基本假定:

(1) 混凝土翼板与钢梁有可靠的交互连接(完全抗剪连接),能保证抗弯能力得到充分发挥。

(2) 位于塑性中和轴一侧的受拉混凝土,因为开裂而不参加工作。

(3) 在混凝土的受压区为均匀受压,并达到混凝土抗压强度设计值 f_c。

(4) 在钢梁的受压区为均匀受压,在钢梁的受拉区为均匀受拉,并分别达到钢材抗压、抗拉强度设计值 f。

当不满足假定(1)而为部分抗剪连接时,组合梁的截面抗弯承载力计算详见第 6-10 节。

2. 基本计算公式

总的设计要求是

$$M \leqslant M_u \tag{5.2-1}$$

式中 M——正弯矩设计值;

M_u——截面正弯矩抗弯承载力设计值。

M_u 按以下两种情况确定:

(1) 截面塑性中和轴位于混凝土翼板内,见图 5.2-1,即 $Af \leqslant b_e h_c f_c$。

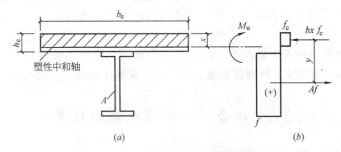

图 5.2-1 塑性中和轴位于混凝土翼板内时正弯矩承载力计算简图
(a) 截面;(b) 平衡条件

令混凝土受压区高度为 x，根据平衡条件 $\sum X=0$，有

$$b_e x f_c = A f$$

由此可得

$$x = \frac{Af}{b_e f_c} \quad (5.2\text{-}2)$$

再由平衡条件 $\sum M=0$，得

$$M_u = b_e x f_c y \quad (5.2\text{-}3)$$

式中 A——钢梁截面面积；

b_e——混凝土翼板计算宽度；

h_c——混凝土翼板计算厚度，对普通钢筋混凝土翼板，取等于原厚度；对压型钢板混凝土组合板翼板，取等于组合板总厚度减去压型钢板肋高；

x——混凝土翼板受压区高度；

f——钢材抗拉强度设计值；

f_c——混凝土抗压强度设计值；

y——钢梁截面形心至混凝土翼板受压区截面形心间的距离。

（2）截面塑性中和轴位于钢梁截面内，见图 5.2-2，即 $Af > b_e h_c f_c$。

令钢梁受压区截面面积为 A_c，钢梁受拉区截面面积为 $(A-A_c)$，

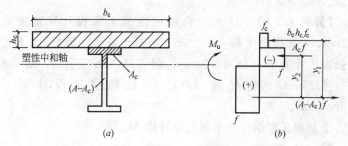

图 5.2-2 塑性中和轴位于钢梁截面内时正弯矩承载力计算简图
(a) 截面；(b) 平衡条件

根据平衡条件 $\Sigma X=0$，有

$$b_e h_c f_c + A_c f = (A - A_c) f$$

由此可得

$$A_c = \frac{Af - b_e h_c f_c}{2f} \qquad (5.2\text{-}4)$$

再由平衡条件 $\Sigma M=0$，得

$$M_u = b_e h_c f_c y_1 + A_c f y_2 \qquad (5.2\text{-}5)$$

式中　A_c——钢梁受压区截面面积；
　　　y_1——钢梁受拉区截面形心至混凝土翼板截面形心间的距离；
　　　y_2——钢梁受拉区截面形心至钢梁受压区截面形心间的距离。

由以上正弯矩的两种情况可以看出，组合梁中的"钢梁"，实际上不是真正的梁，对于情况（1），它是轴心受拉构件；对于情况（2），它是以拉为主的拉弯构件。所以组合梁中的钢梁有时也称作"钢部件"。正因为情况（1）中的钢部件是纯拉构件，没有必要要求它的板件宽厚比一定要符合表 2.4-1 的要求；即使对情况（2），钢部件受拉受弯、以拉为主，其受压翼缘的宽厚比一般也都能满足，何况它紧贴混凝土翼板，处于有利的局部稳定状态。

【算例 5.2-1】　已知组合截面混凝土翼板计算宽度 $b_e = 1330\text{mm}$，翼板厚度 $h_c = 100\text{mm}$；混凝土强度等级 C25，轴心抗压强度设计值 $f_c = 11.9\text{N/mm}^2$；钢梁为 I30b 工字钢，截面面积 $A = 6725\text{mm}^2$；钢材牌号 Q235，抗拉强度设计值 $f = 215\text{N/mm}^2$。

求截面正弯矩抗弯承载力设计值 M_u。

解：
因为 $Af = 6725 \times 215 = 1445875\text{N} < b_e h_c f_c = 1330 \times 100 \times$

11.9＝1582700N，塑性中和轴在混凝土翼板内。

由公式（5.2-2），有

$$x=\frac{Af}{b_e f_c}=\frac{1445875}{1330\times 11.9}=91.4\text{mm}$$

钢梁截面形心距翼板受压区形心间的距离

$$y=\frac{h_s}{2}+h_c-\frac{x}{2}=\frac{300}{2}+100-\frac{91.4}{2}=204.3\text{mm}$$

最后，由公式（5.2-3），得

$$M_u=b_e x f_c y=1330\times 91.4\times 11.9\times 204.3$$

$$=295.54\times 10^6 \text{N}\cdot\text{mm}=295.54\text{kN}\cdot\text{m}$$

该值是I30b工字钢弹性抗弯能力Wf的2.2倍。

【算例5.2-2】 已知组合截面混凝土翼板计算宽度$b_e=$1210mm，翼板厚度$h_c=$90mm；混凝土强度等级C20，轴心抗压强度设计值$f_c=9.6\text{N/mm}^2$；钢梁仍为I30b工字钢，截面面积$A=6725\text{mm}^2$；钢材牌号Q235，抗拉及拉压强度设计值$f=215\text{N/mm}^2$。

求截面正弯矩抗弯承载力设计值M_u。

解：

因为$Af=6725\times 215=1445875\text{N}>b_e h_c f_c=1210\times 90\times 9.6=1045440\text{N}$，塑性中和轴在钢梁截面内。

由公式（5.2-4），钢梁受压区截面面积

$$A_c=\frac{Af-b_e h_c f_c}{2f}=\frac{1445875-1045440}{2\times 215}=931\text{mm}^2$$

又已知I30b工字钢的翼缘宽度$b=128$mm，翼缘厚度$t=14.4$mm；因为$A_c=931\text{mm}^2<bt=128\times 14.4=1843\text{mm}^2$，塑性中和轴在钢梁翼缘内，自其顶面起算往下深度$c=931/128=7.3$mm。

钢梁受拉区截面面积为 $A-A_c=6725-931=5794\text{mm}$。

其中：

下翼缘面积 $=128\times14.4=1843\text{mm}^2$，深 $=14.4\text{mm}$；

腹板面积 $=6725-2\times1843=3039\text{mm}^2$，深 $=3039/11=276.3\text{mm}$；

上翼缘受拉区面积 $=1843-931=903\text{mm}^2$，深 $=903/128=7.1\text{mm}$。

钢梁受拉区截面形心距梁底边的距离

$$a=\frac{1843\times\frac{14.4}{2}+3039\times\left(14.4+\frac{276.3}{2}\right)+903\times\left(300-7.3-\frac{7.1}{2}\right)}{5794}$$

$=128.5\text{mm}$

因而

$$y_1=300+\frac{90}{2}-128.5=216.5\text{mm}$$

$$y_2=300-128.5-\frac{7.3}{2}=167.9\text{mm}$$

最后，由公式 (5.2-5)，得

$M_u=b_e h_c f_c y_1+A_c f y_2=1045440\times216.5+931\times215\times167.9$

$=259.95\times10^6\text{N}\cdot\text{mm}=259.95\text{kN}\cdot\text{m}$

【**算例 5.2-3**】 已知组合截面如图 5.2-3。混凝土强度等级 C25，轴心抗压强度设计值 $f_c=11.9\text{N/mm}^2$；钢梁为 I20b，截面面积 $A=3958\text{mm}^2$；Q235，抗拉强度设计值 $f=215\text{N/mm}^2$。

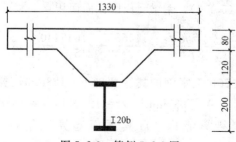

图 5.2-3 算例 5.2-3 图

求截面正弯矩抗弯承载力设计值 M_u。

解：

因为 $Af = 3958 \times 215 = 850970\text{N} < b_e h_c f_c = 1330 \times 80 \times 11.9 = 1266160\text{N}$，塑性中和轴在混凝土翼板内。

由公式 (5.2-2)，有

$$x = \frac{Af}{b_e f_c} = \frac{850970}{1330 \times 11.9} = 53.8\text{mm}$$

相应地

$$y = 400 - \frac{h_s}{2} - \frac{x}{2} = 400 - \frac{200}{2} - \frac{53.8}{2} = 273.1\text{mm}$$

最后，由公式 (5.2-3)，得

$$M_u = b_e x f_c y = 1330 \times 53.8 \times 11.9 \times 273.1$$
$$= 232.54 \times 10^6 \text{N} \cdot \text{mm} = 232.54 \text{kN} \cdot \text{m}$$

如果与算例5.2-1对比，设了板托之后，型钢省35%，混凝土省21%左右，但承载力低14%，相对来说，加了板托之后，节省材料上占一点优势；但板托内还要配筋且模板复杂，影响施工进度。

二、组合截面负弯矩载力计算

1. 基本假定

在确定组合梁截面负弯矩抗弯承载力时，采用以下几点基本假定：

(1) 混凝土翼板与钢梁有可靠的交互连接，即完全抗剪连接。

(2) 混凝土翼板开裂，不参与截面工作；但在计算宽度的混凝土翼板内，所配的钢筋受拉并达到抗拉强度设计值 f_{st}。

(3) 因为混凝土翼板内所配的钢筋截面面积 A_{st} 不会太大，总不至于超过钢部件的截面面积 A，组合截面的塑性中和轴通常都位于钢梁腹板内，或者至多位于钢梁上翼缘内，决不会位于混凝土翼板内。

（4）钢梁截面上部受拉、下部受压，应力均匀分布，且都达到强度设计值 f。

（5）钢部件截面必须是"厚实的"。

2. 基本公式

总的设计要求是

$$M \leqslant M_u \tag{5.2-6}$$

式中　M——负弯矩设计值；

M_u——截面负弯矩抗弯承载力设计值。

基于前述基本假定，组合梁截面在负弯矩 M_u 作用下，截面应力图如图 5.2-4 所示。

在图 5.2-4 中，钢梁塑性中和轴就是等分钢梁截面面积的轴，这是可以事先确定的；钢筋的位置也是事先可以确定的，它距混凝土翼板顶面为 a_s，a_s 一般为 30mm，而组合截面塑性中

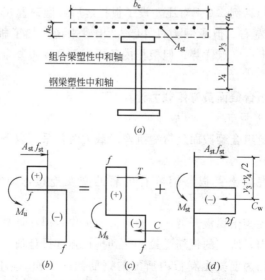

图 5.2-4　组合截面负弯矩承载力计算简图
（a）截面尺寸；（b）、（c）、（d）应力状态的分解

和轴则位于钢筋与钢梁塑性中和轴之间，令组合截面塑性中和轴距钢筋的距离为 y_3，距钢梁塑性中和轴的距离为 y_4，并以 y_4 为待定距离。

为了简化对 y_4 的推导，将图 5.2-4 中的基本应力图 (b) 分解为图 (c) 与图 (d) 两项，其中图 (c) 对应于钢梁绕自身塑性中和轴所承担的弯矩 M_s；图 (d) 对应于钢筋拉力 $A_{st}f_{st}$ 与腹板中叠加压力 C_w 所承担的弯矩 M_{st}，C_w 在腹板内的压区高度为 y_4，应力取等于 $2f$。

根据平衡条件 $\sum X = 0$，有

$$T + A_{st}f_{st} = C + C_w \qquad (a)$$

其中

$$C_w = 2ft_w y_4 \qquad (b)$$

又因为 $T=C$，将 (a) 式与 (b) 式合并后，有

$$A_{st}f_{st} = 2ft_w y_4$$

得

$$y_4 = \frac{A_{st}f_{st}}{2ft_w} \qquad (5.2\text{-}7)$$

再由平衡条件 $\sum M = 0$，得

$$M_u = M_s + M_{st} \qquad (5.2\text{-}8)$$

$$M_s = (S_1 + S_2)f \qquad (5.2\text{-}9)$$

$$M_{st} = A_{st}f_{st}\left(y_3 + \frac{y_4}{2}\right) \qquad (5.2\text{-}10)$$

式中 S_1 和 S_2——钢梁塑性中和轴以上和以下截面对该轴的面积矩；

A_{st}——负弯矩区混凝土翼板计算宽度范围内的钢筋截面面积；

f_{st}——钢筋抗拉强度设计值;

y_3——纵向钢筋截面形心至组合梁塑性中和轴的距离;

y_4——组合梁塑性中和轴至钢梁塑性中和轴的距离,按公式(5.2-7)确定,如果按该式求得的组合梁塑性中和轴位于钢梁上翼缘之内,y_4 偏于安全地近似取等于钢梁塑性中和轴至钢梁上翼缘底边的距离。

由以上公式推导过程可以看出,负弯矩区段组合梁的"钢梁"是压弯构件,它所受的压力为 C_w,其值等于 $A_{st}f_{st}$,作用在腹板内,因此组合梁的负弯矩工作截面的钢部件截面必须是"厚实的",尤其要注意腹板的宽厚比,由表 2.4-1 可知,要求 $\dfrac{h_0}{t_w}$ $\leqslant \left(72-100\dfrac{A_{st}f_{st}}{Af}\right)\sqrt{\dfrac{235}{f_y}}$,可见 $A_{st}f_{st}$ 愈大,对腹板宽厚比限制愈严。在组合梁的负弯矩工作截面中 "$\dfrac{A_{st}f_{st}}{Af}$" 称为 "力比",设计时力比不应超过 0.5。组合梁的型钢钢部件宜用厚腹工字钢。

【算例 5.2-4】 已知组合截面的钢梁为 I30b,钢材为 Q235 钢,抗弯强度设计值 $f=215\text{N/mm}^2$;混凝土翼板厚度 $h_c=100\text{mm}$,在其计算宽度内配 HRB335 钢筋 12Φ12,$A_{st}=1357\text{mm}^2$,$f_{st}=300\text{N/mm}^2$,钢筋形心与翼板顶面距离 $a_s=30\text{mm}$。

求截面负弯矩抗弯能力设计值 M_u。

解:

已知 I30b 工字钢的截面面积 $A=6725\text{mm}^2$,翼缘宽度 $b=128\text{mm}$,$b/2=64\text{mm}$,翼缘厚度 $t=14.4\text{mm}$,腹板厚度 $t_w=11\text{mm}$,腹板高度 $=300-2\times14.4=271.2\text{mm}$,面积矩 $S_1=S_2=370000\text{mm}^3$。

截面的力比 $=\dfrac{A_{st}f_{st}}{Af}=\dfrac{1357\times300}{6725\times215}=0.282$

翼缘宽厚比 $= \dfrac{64}{14.4} = 4.4 < 9$

腹板宽厚比 $= \dfrac{271.2}{11} = 24.6 < \left(72 - 100\dfrac{A_{st}f_{st}}{Af}\right) = 72 - 100 \times 0.282 = 43.8$

均满足表 2.4-1 的要求，钢梁截面是厚实的。

由公式（5.2-7），有

$$y_4 = \dfrac{A_{st}f_{st}}{2ft_w} = \dfrac{1357 \times 300}{2 \times 215 \times 11} = 86.1 \text{mm}$$

参考图 5.2-4，有

$$y_3 = \dfrac{h_s}{2} - y_4 + h_c - a_s = \dfrac{300}{2} - 86.1 + 100 - 30 = 134 \text{mm}$$

由公式（5.2-9），有

$$M_s = (S_1 + S_2)f = (370000 + 370000) \times 215$$
$$= 159.10 \times 10^6 \text{N} \cdot \text{mm} = 159.1 \text{kN} \cdot \text{m}$$

由公式（5.2-10），有

$$M_{st} = A_{st}f_{st}\left(y_3 + \dfrac{y_4}{2}\right) = 1357 \times 300 \times \left(134 + \dfrac{86}{2}\right)$$
$$= 72.06 \times 10^6 \text{N} \cdot \text{mm} = 72.06 \text{kN} \cdot \text{m}$$

最后，由公式（5.2-8），得

$$M_u = M_s + M_{st} = 159.10 + 72.06 = 231.06 \text{kN} \cdot \text{m}$$

该值是钢梁工字钢 Wf 的 1.72 倍。

【算例 5.2-5】 以［算例 5.2-4］为准，在混凝土翼板内改配同级钢筋 14Φ12、10Φ12、12Φ10 及 10Φ10。

求各种情况下截面负弯矩抗弯承载力设计值 M_u 并讨论。

解：

列表计算如下：

配筋	A_{st} (mm²)	力比	y_4 (mm)	y_3 (mm)	M_s (kN·m)	M_{zt} (kN·m)	M_u (kN·m)
14Φ12	1583	0.361	100.6	169.7	159.10	80.59	239.69
12Φ12	1357	0.309	86.1	177.0	159.10	72.06	231.01
10Φ12	1131	0.258	71.9	184.1	159.10	62.47	221.57
12Φ10	942	0.214	56.9	190.2	159.10	53.75	212.85
10Φ10	785	0.179	49.9	195.1	159.10	45.95	205.05

M_u 与力比的关系可用图 5.2-5 表示。由图可知，M_u 与力比大致呈线性关系，并且 M_{st} 在 M_u 中占 19%~33%，约为 1/5~1/3。

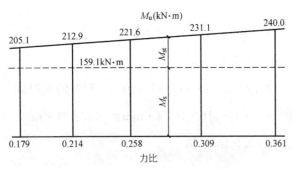

图 5.2-5 算例 5.2-5 图

5-3 组合梁竖向抗剪承载力计算

一、基本计算公式

总的设计要求是

$$V \leqslant V_u \quad (5.3-1)$$

式中　V——竖向剪力设计值；

V_u——截面竖向抗剪承载力设计值。

对于厚实的钢梁，钢结构塑性设计将其最大剪力界限规定为等于腹板截面的剪切屈服承载力。对于厚实的组合梁，因为外挑的混凝土翼板所承受的竖向剪力成分很小，剪力几乎全部由其中的钢梁承担，故一般均认为：组合梁截面的竖向抗剪力设计值 V_u 就等于其中钢梁的极限抗剪承载力设计值，并认为钢梁腹板均匀受剪且达到钢材抗剪强度设计值 f_v。因此，厚实截面组合梁的竖向抗剪承载力设计值可表达为

$$V_u = h_w t_w f_v \qquad (5.3\text{-}2)$$

式中　h_w——腹板高度；

　　　t_w——腹板厚度；

　　　f_v——钢材抗剪强度设计值。

【算例 5.3-1】 沿用［算例 5.2-1］，已知该组合梁内配置了 I30b 工字钢，算得的抗弯承载力设计值 $M_u = 295.54 \text{kN} \cdot \text{m}$。如果该组合梁截面用于 9m 跨的简支梁，可承受均布荷载 29.2kN/m，相应的支座截面剪力 $V = 131.4 \text{kN}$。

要求作截面竖向抗剪承载力验算并讨论。

解：

已知 I30b 工字钢的翼缘截面面积 $A_f = 2 \times b \times t = 2 \times 128 \times 14.4 = 3686 \text{mm}^2$，腹板截面面积 $A_w = h_w t_w = A - A_f = 6725 - 3686 = 3039 \text{mm}^2$

由公式 (5.3-2)，有

$$V_u = h_w t_w f_v = 3039 \times 125 = 379875 \text{N} = 379.9 \text{kN}$$

由公式 (5.3-1)，有

$$V = 131.4 \text{kN} < V_u = 379.9 \text{kN}$$

满足设计要求。

对于工字型钢，由于力学及工艺等种种原因，大多规定为厚实截面，腹板厚度不能太小，它在竖向荷载作用下抗弯能力是主要矛盾。在本算例中亦然，$V/V_u = 131.4/379.9 = 0.35$，说明该组合梁在受弯满负荷的情况下，尚有 65% 的受剪潜力。

二、竖向剪力对极限抗弯承载力的影响

1. 一般概念

这个问题对简支梁不太突出，在均布荷载作用下梁的最大弯矩与最大剪力不在同一截面，在支座截面弯矩为零而剪力最大，在跨中截面剪力为零而弯矩最大；只有在很大的集中力作用时，紧贴集中力作用点一侧的截面内弯矩与剪力同时最大。这个问题在连续梁中却是必然存在的，在支座截面内负弯矩与剪力同时为最大，在紧贴第一内支座外侧的截面内，剪力比同样情况的简支梁的支座剪力还大（均布荷载作用时大约大 20%），这就必然要引起人们的关注。

根据欧洲钢结构协会（ECCS）《组合结构规范》有关规定，如承载力达到极限状态时的竖向剪力 V 小于 $0.3V_u$，则在计算钢梁截面为双轴对称组合梁的抗弯承载力时，竖向剪力的影响可以不计。若不满足这一条件，可按任何允许的便利方式在不违背 Von-Mises 屈服条件原则下假定截面上法向应力及剪应力为均匀分布。

Charles G 等人在《Steel Structurs, Design and Behavior》一书中分析表明，当钢梁腹板所受的剪力 V 大于 0.58 倍的极限抗剪承载力 V_0 时，截面的极限抗弯承载力与按简单塑性计算的极限抗弯承载力 M_0 相比，就开始明显降低；设计时应该注意，此处的 V_0 及 M_0 是指互不影响时的单一抗剪及抗弯承载力设计值，即以前所表述的 V_u 及 M_u。

我国《钢结构设计规范》中的"塑性设计"从钢材的实际情况出发，认为剪力的存在并不降低截面的弯矩极限值。因为钢材实际上并非理想弹-塑性体，它的塑性变形发展是不均匀的，其中有的还可能进入应变硬化阶段，当弯矩及剪力都很大时，截面的应变硬化会很快出现，从而使弯矩极限值并无降低。

现在用一个计算实例来说明竖向剪力如何对极限抗弯承载力发生影响，从而加深实质性的认识。

【算例 5.3-2】 沿用 [算例 5.2-1] 及 [算例 5.3-1] 给定的截面，见图 5.3-1 (a)。已知 I30b 工字钢的翼缘总面积 $A_f = 3686\text{mm}^2$，腹板截面面积 $A_w = h_w t_w = 3039\text{mm}^2$；组合截面单一的抗弯承载力设计值 $M_u = 295.54\text{kN·m}$，单一的抗剪承载力设计值 $V_u = 379.9\text{kN}$。

要求按 Von-Mises 屈服条件计算当 $V/V_u = 0.4$ 时截面的抗弯承载力设计值 M。

解：

当 $V = 0.4 V_u$ 时腹板的平均剪应力（图 5.3-1b）为

$$v_w = \frac{0.4 V_u}{h_w t_w} = \frac{0.4 \times 379900}{3039} = 50 \text{N/mm}^2$$

根据 Von-Mises 屈服条件的折算应力公式 $f^2 = \sigma_w^2 + 3 v_w^2$，腹板能承受的法向应力（图 5.3-1c）为

$$\sigma_w = \sqrt{f^2 - 3 v_w^2} = \sqrt{215^2 - 3 \times 50^2} = 196.8 \text{N/mm}^2$$

工字钢的总拉力为

$$N_s = A_f f + A_w \sigma_w = 3686 \times 215 + 3039 \times 196.8 = 1390565 \text{N}$$

根据平衡条件，组合截面混凝土翼板受压区高度为

$$x = \frac{N_s}{b_e f_c} = \frac{1390565}{1330 \times 11.9} = 88 \text{mm}$$

相应的抗弯力臂为

$$y = 400 - \frac{h_s}{2} - \frac{x}{2} = 400 - \frac{300}{2} - \frac{87.9}{2} = 206.5 \text{mm}$$

最后，得

$$M = N_s y = 1390565 \times 206.5 = 287.15 \times 10^6 \text{N·mm} = 287.15 \text{kN·m}$$

对比后，得 $M/M_u = 287.15/295.54 = 0.971$，抗弯承载力下降了 2.9%。

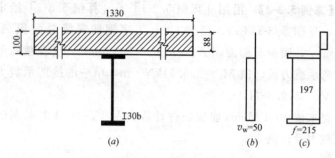

图 5.3-1 算例 5.3-2
（a）截面；（b）剪应力；（c）法向应力（应力单位：N/mm²）

【算例 5.3-3】 沿用算例 5.3-2 的已知条件。

求 $\dfrac{V}{V_u}=0.1$、0.2、……1.0 时的 $\dfrac{M}{M_u}$ 值。

解：

列表计算如下：

$\dfrac{V}{V_u}$	v_w (N/mm²)	σ_w (N/mm²)	N_s (N)	x (mm)	y (mm)	M (kN·m)	$\dfrac{M}{M_u}$
0.1	12.5	213.9	1442532	91.1	204.5	295.0	0.998
0.2	25.0	210.6	1432503	90.5	204.8	293.4	0.993
0.3	37.5	205.0	1415185	89.4	205.3	290.6	0.983
0.4	50.0	196.8	1390565	87.9	206.1	286.6	0.970
0.5	62.5	185.8	1357136	86.7	207.2	281.2	0.951
0.6	75.0	171.3	1313071	83.0	208.5	273.8	0.926
0.7	87.5	152.5	1255938	79.4	210.5	264.4	0.895
0.8	100.0	127.4	1179659	74.5	212.8	251.0	0.849
0.9	112.5	90.9	1068735	67.5	216.3	231.2	0.782
1.0	125.0	0	792490	50.1	225.0	178.3	0.603

计算结果的相关曲线见图 5.3-2。如果认为抗弯承载力下降在 5% 以内时可不考虑剪力影响，在本算例中这个剪力界限 V/V_u 在 0.5 附近。

因为验算钢材折算应力的公式 $f^2=\sigma^2+3v^2$ 是根据能量强度

理论保证钢材在复杂受力状态下处于弹性状态的条件，要是考虑截面应变硬化的出现，也将可以和钢结构塑性设计一样，认为剪力的存在不至于使截面抗弯承载力降低。

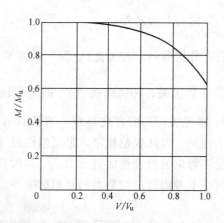

图 5.3-2 算例 5.3-3 的 M-V 相关曲线

2. 连续组合梁内支座截面的 M-V 相关关系

连续组合梁的内支座截面承受负弯矩，混凝土翼板内要配纵向钢筋，该截面内弯矩与剪力同时存在而且都很大。对此欧洲《组合结构规范》给出了作为背景说明的试验结果。试验表明，中间支座截面由于混凝土翼板内有纵向受拉钢筋，其竖向抗剪承载力 V 有可能高于钢梁腹板的极限抗剪能力 V_0，与负弯矩截面的力比 $r\left(=\dfrac{A_{st}f_{st}}{Af}\right)$ 大小有关，在较大力比的情况下，竖向抗剪能力可提高 35% 左右。至于该截面的负弯矩抗弯承载力，由于截面应变硬化的出现，也比按简单塑性理论的计算结果 M_0 为高，见图 5.3-3 中的试验点。根据试验资料归纳，只要力比 $r \geqslant 0.15$，这样的结论是成立的，这些试验点均位于图 5.3-3 中相关曲线

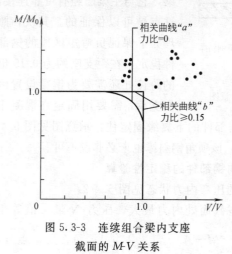

图 5.3-3 连续组合梁内支座截面的 M-V 关系

"b"的右上角之外,$\frac{M}{M_0}>1$ 及 $\frac{V}{V_0}>1$,肯定了相关曲线"b"是有充分把握的。相关曲线"b"的水平段的表达式为 $\frac{M}{M_0}=1$,表明与 V 无关;相关曲线"b"的竖向段的表达式为 $\frac{V}{V_0}=1$,表明与 M 无关;简而言之是弯、剪承载力互相独立地分别计算,互不相关。因此规范规定,采用塑性设计法计算组合梁强度时,承受正弯矩的组合截面以及 $A_{st}f_{st} \geqslant 0.15Af$ 的受负弯矩的组合截面可不考虑弯矩与剪力的互相影响。

5-4 负弯矩区段组合梁钢部件的稳定分析

一、概述

已如前述,负弯矩区段组合梁的钢部件是压弯构件,要作稳定验算考虑,但没有见到直接的文献资料。

因为连续组合梁的内支座截面是出现塑性铰的截面,该处必须设置支撑,如果是连续次梁,它与主梁已经有可靠连接,这点是可以保证的。其次,照理为了保证负弯矩区段的钢部件稳定,在距支座约为 0.15 倍的跨长处还需要为钢梁设置侧向支承,需要用固定在混凝土

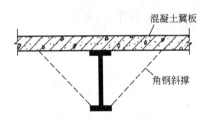

图 5.4-1 角钢斜撑示意图

翼板下面的角钢斜撑将钢部件的下翼缘固定住,示意图见图 5.4-1。基于后面的分析结果,该项角钢斜撑也未必非设不可。

二、弯矩作用平面内钢部件的稳定性验算

负弯矩区段钢部件的压弯内力状态见图 5.4-2。

图 5.4-2 中,在支座截面处内力最大,压力 N 最大值等于 $A_{st}f_{st}$;弯矩最大值 $M_x=M-A_{st}f_{st}\left(y_3+\frac{y_4}{2}\right)$;而在反弯点处,

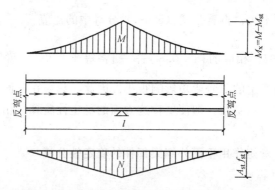

图 5.4-2 负弯矩区段钢部件的压弯内力状态

内力等于零。

参考《钢结构设计规范》塑性设计规定,在弯矩作用平面内钢部件的稳定性应符合下式要求:

$$\frac{A_{st}f_{st}}{\varphi_x Af} + \frac{\beta_{mx}M_x}{W_{px}f\left(1-0.8\dfrac{A_{st}f_{st}}{N'_{Ex}}\right)} \leqslant 1 \quad (5.4\text{-}1)$$

式中 W_{px}——对 x 轴的塑性毛截面模量;

φ_x——弯矩作用平面内的轴心受压构件稳定系数,此时压杆的计算长度取 $l_0=0.56l$,l 为支座左右两反弯点间的距离;

β_{mx}——等效弯矩系数,取 $\beta_{mx}=1.0$;

N'_{Ex}——参数,$N'_{Ex}=\pi^2 EA/(1.1\lambda_x^2)$。

对此,需要作一些细节讨论。首先,取 $\beta_{mx}=1$ 是偏于保守方面,但误差极小。其次,更主要的,负弯矩区段内的组合梁钢部件名义上虽是压弯构件,由于其截面力比 $\dfrac{A_{st}f_{st}}{Af}$ 比较小,一般只有 0.2~0.3 左右,稳定问题将显得不十分突出。以[算例 3.4-1]中的三跨连续梁为例,压杆长度 $l=2\times 0.15l=2\times 0.15\times 9=2.7\text{m}$,压杆计算长度 $l_0=0.56l=0.56\times 2.7=1.5\text{m}$,压杆长细比 $\lambda_x=12$,相应的 $\varphi_x=0.993\approx 1$,说明轴心受压的稳定性问题不大；再看公式（5.4-1）分母中的比值 $\dfrac{A_{st}f_{st}}{N'_{Ex}}$，实算结果为 0.004，相应的 $\left(1-0.8\dfrac{A_{st}f_{st}}{N'_{Ex}}\right)$ 将等于 0.997，说明由于压力作用而产生的二阶弯矩影响很小。因此，只要在截面强度计算时稍微有一点富余，即使要作这方面的稳定性验算，相信也一定能顺利通过。

三、弯矩作用平面外钢梁部件的稳定性分析

1. 计算模式

单跨简支组合梁，受正弯矩作用时混凝土翼板对工字钢上翼缘起侧向支持作用，不会像自由的工字钢梁那样出现弯矩作用平面外的稳定问题及总体稳定问题。

多跨连续组合梁，有负弯矩区段，从简图上讲甚至有某一跨全跨承受负弯矩，见图 5.4-3（a）。这时，组合梁中工字钢梁下

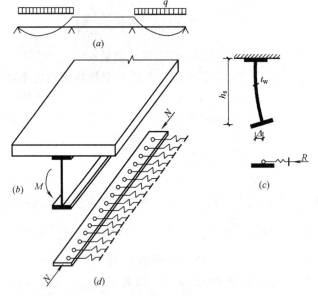

图 5.4-3 组合梁负弯矩区弯矩作用平面外的失稳模式
（a）负弯矩跨；（b）真实结构；（c）下翼缘的弹性侧向约束；（d）计算模式

翼缘受压,在没有侧向支承点的情况下,会不会也像自由工字钢梁那样出现弯矩作用平面外的稳定问题,确实是一个值得深入探讨的实际问题。

毕竟组合梁中的工字钢梁与自由的工字钢梁不同,它的上翼缘嵌固在刚度很大的混凝土翼板下面,见图 5.4-3 (c)。它的下翼缘受压时虽然可能要出现一点弯矩作用平面外的侧向位移,但也不是完全自由而是受到侧向制约的。因为当工字钢下翼缘产生侧向位移 Δ 后,马上就受到来自钢梁腹板侧向受弯时反力 R 的约束,见图 5.4-3 (c)。由于反力 R 与位移 Δ 成正比,所以多跨连续组合梁负弯矩跨的受压下翼缘的侧向稳定问题等价于弹性地基上的压杆稳定问题,见图 5.4-3 (d)。

2. 弹性地基上的压杆稳定分析

设有一弹性地基上压杆 ab,长度为 l,截面刚度为 EI,见图 5.4-4 (a)。当压杆上某点 (x) 有侧向位移 y 时,弹性地基就在该点处对压杆给予反力 p。根据弹性地基假定,反力 p 与侧移 y 成正比,即

$$p = ky \qquad (a)$$

式中 k——地基垫层系数,是单位侧移时单位杆长上的反力,以 N/mm^2 计。

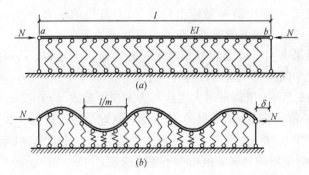

图 5.4-4 弹性地基上的压杆稳定
(a) 计算简图;(b) 失稳时的弹性曲线

设压杆在临界状态时的弹性曲线方程为

$$y = a_m \sin \frac{m\pi x}{l} \qquad (b)$$

这是一个多波形的正弦波，见图 5.4-4 (b)，式中 m 为在杆长 l 范围内的正弦半波数，a_m 为波幅，是个虚拟值。

现采用能量分析，其中：

杆件的弯曲变形能

$$\Delta V_1 = \frac{EI}{2} \int_0^l \left(\frac{d^2 y}{dx^2}\right)^2 dx = \frac{\pi^4 EI}{4 l^3} m^4 a_m^2 \qquad (c)$$

弹性地基变形能

$$\Delta V_2 = \int_0^l \frac{1}{2} py dx = \frac{k}{2} \int_0^l y^2 dx = \frac{kl}{4} a_m^2 \qquad (d)$$

杆件轴压力 N 由于杆端位移 δ 所作的功

$$\Delta T = N\delta = \frac{N\pi^2}{4l} m^2 a_m^2 \qquad (e)$$

再根据功能相等 $\Delta T = \Delta V_1 + \Delta V_2$ 条件，可以解得

$$N = \frac{\pi^2 EI}{l^2} \left(m^2 + \frac{kl^4}{m^2 \pi^2 EI}\right) \qquad (f)$$

公式 (b) 中的 m 数应由公式 (f) 算出的压力 N 为最小的条件决定，它与参数 k/EI 有关。其要点如下：

如果 $k=0$，不是弹性地基上压杆，是自由压杆，$m=1$，表示压杆中间没有反弯点，只有一个半波；如果 k 值很小，同样亦取 $m=1$。当 k 值逐渐增大之后，会发现由公式 (f) 按 $m=2$ 算得的 N 值比按 $m=1$ 算得的 N 值小，这时就应该取 $m=2$，表示在压杆中点有一个反弯点，是两个半波形。由波形 $m=1$ 转变为波形 $m=2$ 时的界限 k 值由如下等式决定：

$$1^2 + \frac{kl^4}{1^2 \pi^4 EI} = 2^2 + \frac{kl^4}{2^2 \pi^4 EI}$$

解得

$$\frac{kl^4}{\pi^4 EI}=4, \quad k=\frac{4\pi^4 EI}{l^4}$$

推广之，当由波形 m 转变为波形 $m+1$ 时的界限 k 值由下列等式决定：

$$m^2+\frac{kl^4}{m^2\pi^4 EI}=(m+1)^2+\frac{kl^4}{(m+1)^2\pi^4 EI}$$

解之得

$$\frac{kl^4}{\pi^4 EI}=m^2(m+1)^2 \tag{5.4-2}$$

公式（5.4-2）是在已知 k 值前提下计算半波数 m 的计算公式，m 应舍去小数只取整数，m 至少等于 1。将取用的 m 数代入（f）式后，即得关于压杆临界力 N_{cr} 的计算公式。

$$N_{cr}=\frac{\pi^2 EI}{l^2}\left(m^2+\frac{kl^4}{m^2\pi^4 EI}\right)=\frac{\pi^2 EI}{l_0^2} \tag{5.4-3}$$

式中 l_0——压杆的计算长度，由下式确定

$$l_0=\frac{l}{\sqrt{\left(m^2+\dfrac{kl^4}{m^2\pi^4 EI}\right)}} \tag{5.4-4}$$

式中 m 为由公式（5.4-2）确定的半波数。

至此，弹性地基上压杆的临界力计算，仍旧采用欧拉公式的形式，但其中压杆计算长度 l_0 应由公式（5.4-4）确定。

3. 多跨连续组合梁负弯矩跨钢梁下翼缘弯矩作用平面外的稳定分析要点

如前所述，连续组合梁负弯矩跨钢梁下翼缘侧向稳定问题可归结为弹性地基上压杆稳定问题。上部嵌固向下悬臂的腹板可视作侧向失稳时的弹性支承，下翼缘为压杆，见图 5.4-3（d）。验算可按以下建议进行。

(1) 求地基垫层系数 k

沿跨度方向取单位长（1mm）的腹板为计算单元，设腹板厚度为 t_w，则腹板出平面的截面惯性矩 $I_w = \frac{1}{12} \times 1 \times t_w^3$。

腹板向下的悬臂长度 h 可近似取等于工字钢高度 h_s 减去两倍翼缘厚度 t，$h = h_s - 2t$。

根据定义，垫层系数为单位长度上单位侧移（$\Delta = 1$）时的反力 $R_{\Delta=1}$，由力学公式

$$k = R_{\Delta=1} = \frac{3EI_w}{h^3} \qquad (5.4\text{-}5)$$

式中 E——钢材弹性模量。

(2) 求压杆（下翼缘）绕竖轴的截面刚度 EI

由图 5.4-3（c），压杆绕竖轴的截面惯性矩 I 为

$$I = \frac{1}{12} \times t \times b^3 \qquad (5.4\text{-}6)$$

式中 b——钢梁下翼缘宽度。

(3) 将 k 及 EI 代入公式（5.4-2）求半波数 m，m 应舍去小数只取整数，m 至少等于 1。

(4) 按公式（5.4-4）计算压杆计算长度 l_0。

(5) 按公式（5.4-3）计算压杆的临界力 N_{cr}。

(6) 求压杆临界应力 σ_{cr}

$$\sigma_{cr} = \frac{N_{cr}}{bt} \qquad (5.4\text{-}7)$$

(7) 如果荷载作用下的压杆应力 $\sigma < \sigma_{cr}$，则稳定性可靠。甚至如果临界应力高于钢材强度，$\sigma_{cr} > f$，则杆件只发生强度问题，不发生稳定问题。

【算例 5.4-1】 已知负弯矩区段组合梁截面内的工字钢为 I30b，其翼缘宽度 $b = 128$mm，翼缘厚度 $t = 14.4$mm，腹板厚度 $t_w = 11$mm。

要求：分别按跨度 $l=3m$、$6m$ 及 $9m$ 计算负弯矩跨受压下翼缘的侧向稳定性。

解：

（1）$l=3m$ 时，

单位长悬臂腹板出平面的截面惯性矩 $I_w = \frac{1}{12} \times 1 \times t_w^3 = \frac{1}{12} \times 1 \times 11^3 = 110.9 mm^4$

腹板悬臂长度 $h = h_s - 2t = 300 - 2 \times 14.4 = 271.2 mm$

由公式（5.4-5），垫层系数为

$$k = \frac{3EI_w}{h^3} = \frac{3 \times 110.9 E}{271.2^3} = 16.68 \times 10^{-6} E$$

由公式（5.4-6），压杆（钢梁下翼缘）绕竖轴的截面惯性矩为

$$I = \frac{1}{12} \times t \times b^3 = \frac{1}{12} \times 14.4 \times 128^3 = 2.52 \times 10^6 mm^4$$

将 k 及 EI 代入公式（5.4-2），得

$$\frac{kl^4}{\pi^4 EI} = \frac{16.68 \times 10^{-6} E \times 3000^4}{\pi^4 E \times 2.52 \times 10^6} = 5.5152 = m^2(m+1)^2$$

解得 $m=1.1$，取 $m=1$。

将 $m=1$ 代入公式（5.4-4），求压杆计算长度。

$$l_0 = \frac{l}{\sqrt{m^2 + \frac{kl^4}{m^2 \pi^4 EI}}} = \frac{l}{\sqrt{1^2 + \frac{5.5152}{1^2}}}$$

$$= 0.392l = 0.392 \times 3000 = 1175 mm$$

再由公式（5.4-3），得

$$N_{cr} = \frac{\pi^2 EI}{l_0^2} = \frac{\pi^2 \times 210 \times 10^3 \times 2.52 \times 10^6}{1175^2} = 3779230 N$$

由公式（5.4-7），

$$\sigma_{cr} = \frac{N_{cr}}{bt} = \frac{3779230}{128 \times 14.4} = 2050 \text{N/mm}^2$$

因为 $\sigma_{cr} = 2050 \text{N/mm}^2 > f = 215 \text{N/mm}^2$，只有强度问题，没有稳定问题。

(2) $l = 6\text{m}$ 时，

由公式 (5.4-2)

$$\frac{kl^4}{\pi^4 EI} = \frac{16.68 \times 10^{-6} E \times 6000^4}{\pi^4 E \times 2.52 \times 10^6} = 88.240 = m^2(m+1)^2$$

解得 $m = 2.6$，取 $m = 2$。

将 $m = 2$ 代入公式 (5.4-4)，

$$l_0 = \frac{l}{\sqrt{m^2 + \frac{kl^4}{m^2 \pi^4 EI}}} = \frac{l}{\sqrt{2^2 + \frac{88.240}{2^2}}}$$

$$= 0.196 l = 0.196 \times 6000 = 1175 \text{mm}$$

相应地

$$N_{cr} = \frac{\pi^2 EI}{l_0^2} = \frac{3.14^2 \times 210 \times 10^3 \times 2.52 \times 10^6}{1175^2} = 3779230 \text{N}$$

$$\sigma_{cr} = 2050 \text{N/mm}^2 > f$$

(3) $l = 9\text{m}$ 时，

由公式 (5.4-2)，

$$\frac{kl^4}{\pi^4 EI} = \frac{16.68 \times 10^{-6} E \times 9000^4}{\pi^4 E \times 2.52 \times 10^6} = 446.73 = m^2(m+1)^2$$

解得 $m = 4.12$，取 $m = 4$。

将 $m = 4$ 代入公式 (5.4-4)，

$$l_0 = \frac{l}{\sqrt{m^2 + \frac{kl^4}{m^2 \pi^4 EI}}} = \frac{l}{\sqrt{4^2 + \frac{446.73}{4^2}}}$$

$$= 0.151 l = 0.151 \times 9000 = 1360 \text{mm}$$

相应地

$$N_{cr}=\frac{\pi^2 EI}{l_0^2}=\frac{3.14^2\times 210\times 10^3\times 2.52\times 10^6}{1360^2}=2820988\text{N}$$

$$\sigma_{cr}=1530\text{N/mm}^2>f$$

由算例可见，尽管杆件长度 l 由 3m 增加到 9m，但半波数 m 亦随之增加，由 $m=1$ 增至 $m=4$，l_0 维持不变或几乎不变，杆件丧失稳定时的临界应力 σ_{cr} 始终保持为一个很高的值，σ_{cr} 恒大于强度 f，稳定性是次要问题。

【算例 5.4-2】 将［算例 5.4-1］中的工字钢改为 I30c，该工字钢的腹板厚度 $t_w=13\text{mm}$，翼缘宽度 $b=130\text{mm}$，翼缘厚度 $t=14.4\text{mm}$。

要求按 $l=6\text{m}$ 计算钢梁受压下翼缘的稳定性。

解：

单位长悬臂腹板出平面的截面惯性矩

$$I_w=\frac{1}{12}\times 1\times t_w^3=\frac{1}{12}\times 1\times 13^3=183.1\text{mm}^4$$

由公式（5.4-5），垫层系数

$$k=\frac{3EI_w}{h^3}=\frac{3\times 183.1 E}{271.2^3}=27.54\times 10^{-6}E$$

压杆（钢梁下翼缘）绕竖轴的截面惯性矩

$$I=\frac{1}{12}tb^3=\frac{1}{12}\times 14.4\times 130^3=2.64\times 10^6\text{mm}^4$$

将 k 及 EI 代入公式（5.4-2），

$$\frac{kl^4}{\pi^4 EI}=\frac{27.54\times 10^{-6}E\times 6000^4}{\pi^4 E\times 2.64\times 10^6}=139.07=m^2(m+1)^2$$

解得 $m=2.97$，取 $m=2$。

将 $m=2$ 代入公式（5.4-4），

$$l_0 = \frac{l}{\sqrt{m^2 + \dfrac{kl^4}{m^2 \pi^4 EI}}} = \frac{l}{\sqrt{2^2 + \dfrac{139.07}{2^2}}}$$

$$= 0.161l = 0.161 \times 6000 = 964 \text{mm}$$

相应地

$$N_{cr} = \frac{\pi^2 EI}{l_0^2} = \frac{3.14^2 \times 210 \times 10^3 \times 2.64 \times 10^6}{964^2} = 5882046 \text{N}$$

临界压力是I30b 的 1.56 倍!

以上算例已经表明,负弯矩区段组合梁钢部件下翼缘的临界应力远高于其强度,这是值得欣慰的。如果说组合梁钢部件在负弯矩作用平面内是"压力不大的短柱型压弯构件",稳定不成问题;那么组合梁钢部件下翼缘在负弯矩作用平面外可以比作"弹性地基上压杆",相对于强度而言,稳定是次要的问题。甚至在梁的反弯点处前面提到的角钢斜撑(图 5.4-1)也不是非设不可。

5-5 正弯矩作用下组合截面的弯曲变形分析

一、概述

和其他结构构件一样,组合梁的性能表现为承载力、稳定及变形等方面。前面的诸多算例(算例 4.2-1、算例 4.3-1、算例 5.2-1、算例 5.2-4)已经表明,组合截面的承载力效果是很好的。这些算例统一地以 $b_e = 1330$mm、$h_c = 100$mm、C25 混凝土翼板与I30b 钢梁的组合截面为范例截面,它可用于跨度 $l = 9$m 的简支梁,承受的荷载设计值 $q = 29.2$kN/m。算例表明,该组合截面当其中钢梁下翼缘应力达到屈服强度设计值时的屈服弯矩设计值 $M_y = 221.24$kN·m,是钢梁 Wf 的 1.64 倍;其塑性极限弯矩设计值 $M_u = 295.54$kN·m,是钢梁 Wf 的 2.19 倍;其抗剪承载力也富余了很多,对应的剪力作用设计值 V 与之相比,$V/V_u = 0.35$。组合梁的承载能力确实是体现了 $1+1 > 2$。至于组合截面中的钢梁稳定条件,也要比自由钢梁优越得多,其稳定性是可靠的。目前,只留下变形问题尚有待切磋,组合截面在截面屈服及塑性极限时的曲率各有多大?截面的弯矩-曲率关系又如何?以及其他等等。

二、正弯矩作用下组合截面的 M-ϕ 曲线

1. 基本过程

由材料力学已知,组合截面的弯曲变形用单位弧长所对应的曲率角 ϕ 表示,$\phi = \dfrac{1}{\rho}$,简称曲率,ρ 为曲率半径。截面的 M-ϕ 关系曲线是截面工作过程的总表现,又是确定塑性铰转动能力的主要依据之一。不难理解,在截面屈服之前,梁截面的 M-ϕ 关系是弹性的,M 与 ϕ 呈线性关系,当弯矩 M 到达屈服弯矩设计值 M_y 与相应的曲率为 ϕ_y 之后,截面开始有塑性变形发展,截面进入弹塑性阶段,M-ϕ 呈曲线关系:随着弯矩作用的不断增大,组合截面的中和轴不断上升且绝大多数都进入了混凝土翼板,混凝土受压区面积不断缩小,直到混凝土受压区破坏而宣告截面彻底失效。这时梁的塑性极限弯矩设计值为 M_u,相应的曲率为 ϕ_u。因此,在组合截面的 M-ϕ 曲线上有两个关键点,一是截面屈服点 (M_y, ϕ_y),另一个是塑性极限点 (M_u, ϕ_u)。关于 M_y 及 M_u,以前已经给出了计算方法及公式,而 ϕ_y 及 ϕ_u 将在本节解决。

2. 截面屈服曲率及塑性极限曲率

(1) 截面屈服曲率

组合梁的截面屈服曲率为 ϕ_y,见图 5.5-1。其计算截面为换算截面,截面形心轴距梁底边的距离为 y_{sc},前面的算例已经表明,除非是混凝土翼板的强度等级太低(例如在 C15 以下),截面达到的屈服弯矩设计值 M_y

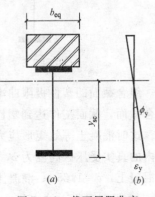

图 5.5-1 截面屈服曲率

都是以钢梁下翼缘应力达到强度设计值 f 为准,此时下翼缘相应的屈服应变为 ε_y;其屈服曲率 ϕ_y 如果用形象表达,有 $\phi_y = \varepsilon_y / y_{sc}$,而在力学上则不难证明,它可表达为

$$\phi_y = \frac{M_y}{EI_{eq}} \quad (5.5\text{-}1)$$

式中 M_y——钢梁下翼缘达到强度设计值时的屈服弯矩设计值;

I_{eq}——换算截面惯性矩;

E——钢材弹性模量。

仍以前面的范例截面为例,由[算例 4.3-1]已知,当钢梁下翼缘应力达到强度设计值时的屈服弯矩 $M_y = 221.24 \text{kN} \cdot \text{m}$,由[算例 4.2-1]又知,换算截面惯性矩 $I_{eq} = 303.3 \times 10^6 \text{mm}^4$,代入公式(5.5-1),便得

$$\phi_y = \frac{M_y}{EI_{eq}} = \frac{221.24 \times 10^6}{210 \times 10^3 \times 303.3 \times 10^6} = 3.5 \times 10^{-6} \text{mm}^{-1}$$

(2)塑性极限曲率

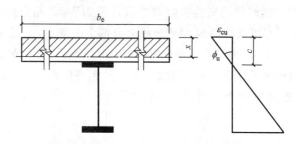

图 5.5-2 截面塑性极限曲率

组合截面的塑性极限曲率为 ϕ_u,见图 5.5-2,其计算截面为组合截面,截面工作达到塑性极限是以混凝土翼板受压区压坏为准。这时混凝土等效矩形应力图受压区高度为 x,而在混凝土翼板内的真实受压区高度为 c,按照混凝土结构理论,只要不是高强混凝土,$c = 1.25x$;混凝土受压区顶边在破坏时的极限压应变为 ε_{cu},根据混凝土结构理论,取 $\varepsilon_{cu} = 0.0033$。这样便得

$$\phi_u = \frac{\varepsilon_{cu}}{c} = \frac{0.0033}{1.25x} \tag{5.5-2}$$

式中 x——截面等效矩形应力受压区高度,按公式(5.2-2)确定。

仍沿用上述范例的截面为例,由[算例5.2-1]已知,在极限弯矩 $M_u = 295.54 \text{kN·m}$ 的情况下,等效矩形应力受压区高度 $x = 91.4\text{mm}$,代入公式(5.5-2),得

$$\phi_u = \frac{\varepsilon_{cu}}{1.25x} = \frac{0.0033}{1.25 \times 91.4} = 2.9 \times 10^{-5} \text{mm}^{-1}$$

3. 组合截面 M-ϕ 曲线及述评

范例截面的 M-ϕ 曲线见图 5.5-3。尽管该曲线不是建立在材料真实强度基础上,用的是材料强度设计值,但以下的定性结论仍然是可信的:

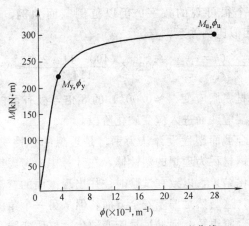

图 5.5-3 算例范例截面的 M-ϕ 曲线

(1) 实算表明,$\phi_u/\phi_y = (2.9 \times 10^{-5})/(3.5 \times 10^{-6}) = 8.3$,截面的延性指标很好。又因为 $M_u/M_y = 295.54/221.24 = 1.34$ 且 $\phi_u/\phi_y = 8.3$,说明在截面弹塑阶段的荷载增量不小,而且还有很大的塑性变形发展空间,构件在破坏之前会有明显变形征兆,

因此该截面的破坏是延性的。

（2）如果需要评价该范例截面在使用阶段的工作状况，荷载效应应取用其标准值，截面的弯矩抗力应按材料强度标准值计算。如已知范例截面的塑性极限弯矩设计值 $M_u = 295.54$ kN·m，按恒载：活载＝1：1考虑，综合的荷载分项系数为1.3，相应的荷载弯矩标准值 M_k 按295.54/1.3计，可取等于227kN·m。另一方面，已知范例截面按钢材设计强度 $f=215$ N/mm²，计算的屈服弯矩设计值 $M_y = 221.24$ kN·m，如果改用钢材强度标准值 $f_y = 235$ N/mm² 计算，其屈服弯矩标准值 $M_{yk} = 1.089 M_y = 240.67$ kN·m，其中1.089为钢材强度分项系数，等于235/215。因为 $M_k = 227$ kN·m $< M_{yk} = 240.67$ kN·m，可以确认，该截面在使用阶段处于弹性工作范围。

（3）再评价一下截面的塑性极限状态。当截面临近破坏和混凝土压区应变临近 ε_{cu} 之际，梁截面下方钢梁下翼缘的应变 ε_s 已经发展到一个很可观的数字！仍以范例截面为例，由图5.5-1(b)，根据相似比例关系，有

$$\varepsilon_s = \frac{\varepsilon_{cu} \times (h-c)}{c} = 0.0033 \times \frac{(400-114.25)}{114.25} = 0.0083$$

该值约为钢材屈服应变（≈0.001）的8倍，极有可能超过钢材屈服台阶末端应变而进入应变硬化阶段。

因为组合截面塑性设计认为钢材是理想的弹性-塑性体，甚至近似地将钢材视为理想的塑性体，在计算中未考虑钢材应变硬化带来的强化结果，以致在试验时往往出现截面的弯矩实测值高于其实算值，这当然是偏于安全方面，但从另一个角度看，如果钢材的屈服台阶很短，钢材过早应变硬化，材质变脆，对结构也是十分不利的。因此钢结构塑性设计对钢材的力学指标提出了一些专门的要求，除了"强屈比"及"伸长率"两项指标之外，1988年版的《钢结构设计规范》还要求钢材的屈服台阶不能太短，要求在屈服台阶末端的应变值不小于其弹性极限应变值的6倍，由于该项规定的可操作性差一些，现行的《钢结构设计规

范》已改为"相应于抗拉强度 f_u 的应变 ε_u 应不小于 20 倍屈服点应变 ε_y"。详情请回顾第 2-3 节。

5-6 负弯矩作用下组合截面的弯曲变形分析

一、概述

负弯矩区组合梁的变形性能对于研究多跨连续组合梁的工作状况及内力分析十分重要，大致有以下三方面问题：

(1) 钢梁板件宽厚比对弯曲变形的影响。
(2) 截面的屈服曲率及塑性极限曲率。
(3) 塑性铰的极限转角。

二、钢梁板件宽厚比试验研究结果

Climenhago 等人在这方面曾作了不少研究工作，采用了翼缘宽厚比 b/t 与腹板宽厚比 h_0/t_w 作为参数，得出了如图 5.6-1 所示的四种"弯矩-转角"曲线，曲线的纵坐标为相对弯矩，横坐标为塑性铰转角（弧度）。由于钢梁应变硬化的强化结果，曲线出现了 $\dfrac{负弯矩}{塑性铰弯矩}>1$ 的情况，其中塑性铰弯矩为按本章 5-2 节公式 (5.2-8) 的实算弯矩。这四条曲线中，曲线"4"及曲线"3"是满足塑性内力分析要求的，它们都是钢梁板件宽厚比较小的情况，但程度不同。虽然曲线"3"过峰点之后有弯矩下降段（亦称软化），但在塑性转动的发展过程中，$\dfrac{负弯矩}{塑性铰弯矩}$ 仍能保持在 1 以上。曲线"2"和曲线"1"是不可取的，它们都是钢梁板件宽厚比较大的情况，虽然曲线"2"的峰点坐标大于 1，但塑性转动不久，曲线就下降到 1 以下，达不到预期的设计要求。至于曲线"1"，因为板件宽厚比实在太大，甚至连板件的弹性局部稳定亦难以保证，因而出现了 $\dfrac{负弯矩}{塑性铰弯矩}$ 的峰值 <1 的情况，而且很早就出现了很陡的弯矩下降段。

为了实现塑性铰内力重分布的预期效果，R.P.Johnson 等

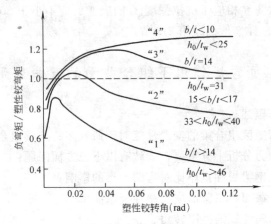

图 5.6-1 组合梁负弯矩区的弯矩-转角曲线

人认为应该对钢梁的板件宽厚比作如下的限制：

对于受压翼缘，要求

$$\frac{b}{t} \leqslant \frac{0.7}{\sqrt{\varepsilon_y \left(3.19 - \dfrac{f_u}{f_y}\right)}} \tag{5.6-1}$$

式中 b——翼缘全宽；

t——翼缘厚度；

ε_y——钢材的屈服应变，取 $\varepsilon_y = f_y/E$；

f_y——钢材规定的屈服强度；

f_u——钢材规定的抗拉强度。

对于腹板，前面已经多次讲过，负弯矩区组合截面中的钢梁实质上是"压-弯"杆件，它所受的附加压力来自对混凝土翼板中纵向钢筋拉力 $A_{st}f_{st}$ 的反作用，该项压力对钢梁翼缘几乎没有影响，而对腹板的作用影响则不能不计。这个压力影响因素一般用相对的力比 $\dfrac{A_{st}f_{st}}{Af}$ 表示，记作 r，具体的限制要求如下：

当 $0 \leqslant r \leqslant 28$ 时，

$$\frac{h_0}{t_w} \leqslant \frac{2.44(1-1.4r)}{\sqrt{\varepsilon_y}} \tag{5.6-2a}$$

当 $r>28$ 时,

$$\frac{h_0}{t_w} \leqslant \frac{1.48}{\sqrt{\varepsilon_y}} \qquad (5.6\text{-}2b)$$

式中　h_0——腹板高度;

　　　t_w——腹板厚度;

　　　r——力比,$r=\dfrac{A_{st}f_{st}}{Af}$。

对不同牌号的型钢,公式(5.6-1)及公式(5.6-2)中用 ε_y 加以区别,而我国规范则用 f_y 加以区别。现以 Q235 钢为例,$f_y=235\text{N/mm}^2$,$f_u/f_y\approx1.6$,如果用 f_y/E 取代 ε_y 并取用 $E=210\times10^3\text{N/mm}^2$,则公式(5.6-1)即可化为

$$\frac{b}{t} \leqslant 16.6\sqrt{\frac{235}{f_y}} \qquad (a)$$

同理,公式(5.6-2)亦可化为

$$\frac{h_0}{t_w} \leqslant (73.0-102.1r)\sqrt{\frac{235}{f_y}},\ 0\leqslant r\leqslant 0.28 \qquad (b)$$

及

$$\frac{h_0}{t_w} \leqslant 44.4\sqrt{\frac{235}{f_y}},\ r>0.28 \qquad (c)$$

上述(a)、(b)、(c)三式,与我国《钢结构设计规范》塑性设计的规定相比,或直接与本书中表 2.4-1 的限制规定相比,基本上是一致的。只是(c)式偏于宽松,这是因为采用的力比界限偏小所致。此处取 $r\geqslant0.28$,要是像我国规范那样也取 $r\geqslant0.37$ 作为界限,可推导出 $\dfrac{h_0}{t_w}\leqslant35.2\sqrt{\dfrac{235}{f_y}}$,仍与我国规范的规定基本上相同。

三、屈服曲率及塑性极限曲率

(1) 截面屈服弯矩及相应的屈服曲率

在负弯矩作用下，在屈服之前，组合梁的工作截面是弹性的，见图 5.6-2 (a)。混凝土翼板因为受拉开裂而退出工作，由其中由纵向钢筋代为受力，这是单质的组合截面。图中的 h 为截面总高度，a_s 为纵向钢筋截面形心至混凝土翼板顶面的距离，一般情况取 $a_s=30mm$，h_0 为截面有效高度，$h_0=h-a_s$。

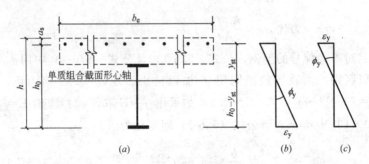

图 5.6-2 负弯矩作用下组合梁的弹性工作截面与曲率
(a) 工作截面；(b) 屈服曲率，当钢梁应力先达到屈服点时；
(c) 屈服曲率，当钢筋应力先达到屈服点时

令单质组合截面形心轴距钢筋形心为 y_{st}，距钢梁下翼缘为 (h_0-y_{st})，截面的惯性矩为 $I_{s,st}$，则对钢筋的截面模量 $W_{st}=I_{s,st}/y_{st}$，对钢梁下翼缘的截面模量 $W_s=I_{s,st}/(h_0-y_{st})$。因为截面在屈服时，是钢筋还是钢梁下翼缘首先达到屈服点不能肯定，见图 5.6-2 (b) 或 (c)，与截面的力比有关，因而应该取用 $W_{st}f_{st}$ 与 $W_s f$ 两者中的较小者作为其屈服弯矩设计值 M_y，即

$$M_y=\{W_{st}f_{st}, W_s f\}_{min} \qquad (5.6\text{-}3)$$

式中 $W_{st}=I_{s,st}/y_{st}$；$W_s=I_{s,st}/(h_0-y_{st})$；$I_{s,st}$ 为纵向钢筋与钢梁的单质组合截面惯性矩。

相应地，屈服曲率将为

$$\phi_y=\frac{M_y}{EI_{s,st}} \qquad (5.6\text{-}4)$$

（2）塑性极限曲率

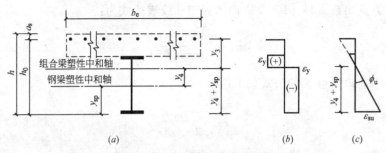

图 5.6-3 负弯矩作用下组合梁的塑性工作截面与曲率
（a）工作截面；（b）应力；（c）塑性极限曲率

在负弯矩作用下，关于组合截面塑性极限弯矩 M_u 的计算已在第 5-2 节作了介绍，其工作截面是塑性的，见图 5.6-3（a）。图中钢梁截面塑性中和轴就是等分钢梁的截面面积的轴，它距梁底的距离为 y_{sp}，组合梁截面塑性中和轴距钢梁塑性中和轴的距离为 y_4，y_4 可由公式（5.2-7）确定；该轴距钢筋形心的距离为 y_3，$(h_0-y_3)=y_{sp}+y_4$。组合截面在塑性阶段钢筋与钢梁都已屈服，见图 5.6-3（b），而且不断地发展着各自的塑性应变（甚至是应变硬化），直到钢梁下翼缘达到某个塑性压屈极限应变 ε_{su} 整个截面才宣告失效，这时相应的曲率值即为塑性极限曲率 ϕ_u，见图 5.6-3（c），其中钢梁下翼缘塑性压屈极限应变 ε_{su} 是一个很关键的指标，目前见到的资料尚不太多，国内文献 [14] 及 [15] 指出，对于厚实的组合截面，ε_{su} 与组合截面的力比 r 有关，文献

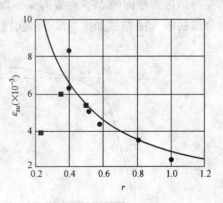

图 5.6-4 塑性压屈极限应变 ε_{su} 与力比 r 的关系

[15]还将两家资料汇总于图 5.6-4,图中圆点出自资料 [14],方点出自资料 [15],它们的回归曲线表达式为:

$$\varepsilon_{su} = \frac{3000 \times 10^{-6}}{(r+0.05)} \quad (5.6\text{-}5)$$

因此最后得 ϕ_u 的公式如下:

$$\phi_u = \frac{\varepsilon_{su}}{y_{sp} + y_4} \quad (5.6\text{-}6)$$

式中 ε_{su}——组合截面钢梁下翼缘塑性压屈极限应变,按公式(5.6-5)确定;

y_{sp}——钢梁塑性中和轴至钢梁下翼缘底边的距离;

y_4——单质组合截面塑性中和轴至钢梁塑性中和轴的距离,按公式(5.2-7)确定。

四、负弯矩区塑性铰的转动能力

连续梁的正弯矩区及负弯矩区都可能出现塑性铰,因为前者在内力重分布的计算中现实意义较小,故仅介绍负弯矩区塑性铰的转动能力,其实它们两者的道理是一样的。

负弯矩区塑性铰的转动能力以其极限塑性转角 θ_p^{al} 表达,它首先与该区梁截面的 $M\text{-}\phi$ 曲线有关。因为钢材应变硬化的原因,组合截面的 $M\text{-}\phi$ 曲线如图 5.6-5 中实线所示。为了简化计算,将

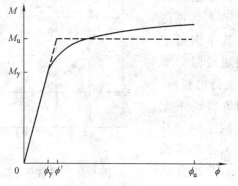

图 5.6-5 梁的 $M\text{-}\phi$ 曲线及其简化线

M-ϕ 关系改为双折线型，折点坐标为 (M_u, ϕ')，$\phi' = \phi_y \dfrac{M_u}{M_y}$。在双折线的上升段，认为截面弹性工作；在双折线的水平段，认为塑性工作，其水平台阶长度记作 ϕ_p，

$$\phi_p = \phi_u - \phi' = \left(\phi_u - \phi_y \dfrac{M_u}{M_y}\right) \tag{a}$$

ϕ_p 大，表示水平台阶长，截面的塑性过程长；反之 ϕ_p 小，表示水平台阶短，截面的塑性过程短，ϕ_p 必然要直接影响到塑性铰的转动能力。

应该指出，负弯矩区的转动并不是仅限于一个截面，而是分布在一个称之为"塑性铰区长度"上。所谓塑性铰区长度大致就是连续梁弹性分析弯矩图上大于调幅弯矩的那一个区段。在这个区段内，各截面的塑性弯曲程度还有一些差别，为了简化计算，此处是指对应于双折线 M-ϕ 关系的塑性铰区长度，认为在整个塑性铰区内各点的塑性弯曲程度都一样，记作 l_p，它与真实的塑性铰区长度相比，有一点修正减小。塑性铰区这样的处理也是合乎事实的，因为前面由公式（5.6-5）表达的钢梁下翼缘塑性压屈极限应变 ε_{su} 以及今后的转角测量都是在标距尺寸等于梁高的梁长上进行的。一般来讲，公式所介绍的 ε_{su} 是该标距内的平均值。综上所述，在实际应用中，塑性铰的转动能力 θ_p^{al} 就可以简单地用双折线 M-ϕ 关系上的水平台阶 ϕ_p 乘以塑性铰区长度 l_p 求得，即

$$\theta_p^{al} = \phi_p l_p = \left(\phi_u - \phi_y \dfrac{M_u}{M_y}\right) l_p \tag{5.6-7}$$

式中　θ_p^{al}——负弯矩区塑性铰的极限塑性转角，以弧度计；
　　　ϕ_u——截面的塑性极限曲率，按公式（5.6-6）确定；
　　　ϕ_y——截面的屈服曲率，按公式（5.6-4）确定；
　　　M_y——截面的屈服弯矩，按公式（5.6-3）确定；
　　　M_u——截面的塑性极限弯矩，按公式（5.2-8）确定；
　　　l_p——塑性铰区长度。

可见，塑性铰区长度 l_p 是确定 θ_p^{al} 的第二个主要因子，钢筋混凝土结构专业的学者做了大量的研究工作，可供组合梁参考的一些概念是：梁的截面高度 h 大则 l_p 大；凸出的弯矩图时 l_p 大，凹进的弯矩图时 l_p 小，线性弯矩图时 l_p 居中；l_p 还与反弯点位置有关，反弯点距支座远则 l_p 大，反之则小。l_p 大致在 $1.5h \sim 2.0h$ 之间。我国文献 [15] 根据试验结果取 $l_p=1.75h$。而美国 A. H. Mattock 则建议用以下表达式：

$$l_p = 0.05(z_l + z_r) + h \tag{5.6-8}$$

式中　z_l——支座至左反弯点的距离；

　　　z_r——支座至右反弯点的距离；

　　　h——梁的截面高度。

参考图 3.1-1，均布荷载作用下的五跨连续梁，第一内支座左侧的 $z_l = 0.21l$，右侧的 $z_r = 0.27l$，代入公式（5.6-8）后，如取组合梁的高跨比 $h/l = 1/20 \sim 1/25$，算得 $l_p = 1.5 \sim 1.6h$；同理对其余内支座，$z_l = z_r = 0.2l$，算得 $l_p = 1.4 \sim 1.5h$。因此，初步建议偏于安全方面统一地取 $l_p = 1.5h$，供参考。

【算例 5.6-1】　对于 5×9m 的 5 跨连续组合梁；已知其混凝土翼板计算宽度 $b_e = 1330$mm，翼板厚度 $h_c = 100$mm。配置有 12Φ12 钢筋，钢筋截面面积 $A_{st} = 1357$mm^2，强度 $f_{st} = 300$N/mm^2，钢筋截面形心至翼板顶面距离 $a_s = 30$mm；钢梁为 I30b，截面面积 $A = 6725$mm^2，截面惯性矩 $I_s = 94 \times 10^6$ mm^4，强度 $f = 215$N/mm^2。

求该组合梁负弯矩区塑性铰的极限塑性转角 θ_p^{al}。

解：

(1) 求截面的屈服弯矩 M_y 及屈服曲率 ϕ_y

在弹性阶段，梁的工作截面见图 5.6-6 (a)。

截面高度 $h = 400$mm。

截面有效高度 $h_0 = h - a_s = 400 - 30 = 370$mm

单质组合截面形心轴至钢筋形心的距离 $y_{st} = $

$$\frac{6725\times(370-150)}{6725+1357}=183\text{mm}$$

及

$$h_0-y_{st}=370-183=187\text{mm}$$

单质组合截面惯性矩

$$I_{s,st}=94\times10^6+6725\times(187-150)^2+1357\times183^2$$
$$=148.6\times10^6\text{mm}^4$$

针对钢筋的截面模量

$$W_{st}=I_{s,st}/y_{st}=148.6\times10^6/183=0.812\times10^6\text{mm}^3$$

针对钢梁下翼缘的截面模量

$$W_s=I_{s,st}/(h_0-y_{st})=148.6\times10^6/187=0.795\times10^6\text{mm}^3$$

对比之后，显然 $W_{st}f_{st}>W_sf$，由公式（5.6-3），得

$$M_y=W_sf=0.795\times10^6\times215=170.93\times10^6\text{N}\cdot\text{mm}$$

再由公式（5.6-4），得

$$\phi_y=\frac{M_y}{EI_{s,st}}=\frac{170.93\times10^6}{210\times10^3\times148.65\times10^6}=5.48\times10^{-6}\text{mm}^{-1}$$

（2）求截面的极限弯矩 M_u 及塑性极限曲率 ϕ_u

在屈服极限时，梁的工作截面见图 5.6-6（b）。

钢梁塑性中和轴距梁底边的距离 $y_{sp}=150\text{mm}$

截面的力比 $r=\dfrac{A_{st}f_{st}}{Af}=\dfrac{1357\times300}{6725\times215}=0.282$

单质组合截面塑性中和轴距钢梁塑性中和轴的距离

$$y_4=\frac{A_{st}f_{st}}{2ft_w}=\frac{1357\times300}{2\times215\times11}=86\text{mm}$$

参见［算例 5.2-4］，组合截面的极限弯矩 $M_u=231.06\times10^6\text{N}\cdot\text{mm}$

由公式（5.6-5），

$$\varepsilon_{su}=\frac{3000\times10^{-6}}{(r+0.05)}=\frac{3000\times10^{-6}}{(0.282+0.05)}=9.04\times10^{-3}$$

由公式（5.6-6），得

$$\phi_u = \frac{\varepsilon_{su}}{(y_{sp}+y_4)} = \frac{9.04\times10^{-3}}{(150+86)} = 38.31\times10^{-6}$$

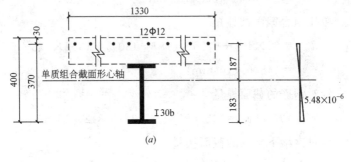

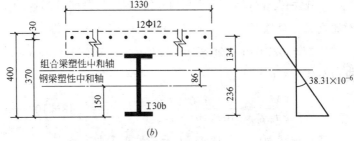

图 5.6-6　［算例 5.6-1］
(a) 求 ϕ_y；(b) 求 ϕ_u

(3) 求极限塑性转角 θ_p^{al}

取塑性铰区长度 $l_p = 1.5h = 1.5\times400 = 600$ mm。

由公式（5.6-7），得

$$\theta_p^{al} = \left(\phi_u - \phi_y\frac{M_u}{M_y}\right)l_p = \left(38.31 - 5.48\times\frac{231.06}{170.93}\right)\times10^{-6}\times600$$

$$= 18.54\times10^{-3}\,\text{rad}$$

应该指出，因为算例在计算过程中取用的是钢材强度设计值，求得的极限塑性转角 θ_p^{al} 也应该定义为极限塑性转角设计值，是一个偏于安全的取值。

第六章 抗剪连接件设计

6-1 抗剪连接件的形式

连接件在组合梁中主要是用来承受钢筋混凝土翼板与钢梁之间的纵向剪力的。严格地说，除上述作用外，它还能抵抗翼板与钢梁之间的掀起作用。

经过上世纪50年代及60年代的研究和应用，连接件的形式也有很大的发展。50年代初在桥梁中主要是用螺旋筋及弯筋连接件，后来就被槽钢及栓钉连接件代替。现在，无论在桥梁上或在房屋结构中，栓钉连接件在世界上的应用已极为普遍。

连接件可分为三大类：

(1) 栓钉 见图6.1-1a、b。这是世界各国广为采用的一种连接件。常用的栓钉钉杆直径为$\phi 13$、$\phi 16$、$\phi 19$、$\phi 22$，个别的为$\phi 25$；所选用的钉杆直径不宜超过被焊钢梁翼缘厚度的2.5倍，大直径时还要顾及焊机功率是否能匹配；栓钉高（长）与钉杆直径之比应不小于4。为了抵抗掀起作用，栓钉上部做成大头或弯钩，大头直径不得小于钉杆直径的1.5倍，现在工程上几乎全采用成品的大头栓钉标准件，带弯钩的栓钉已成过去。

栓钉焊接工艺自动化工作程度高，单个栓钉的抗剪承载力略低一些。

(2) 型钢 见图6.1-1c、d、e。用作连接件的型钢常用的有槽钢、T形钢及方钢三种。槽钢常用的规格有[80、[100及[120；T形钢在国外的规格为100×75mm，高50mm（对应为$4'' \times 3''$高$2''$）；方钢规格为25mm$\times 25$mm及50mm$\times 38$mm两种。槽钢

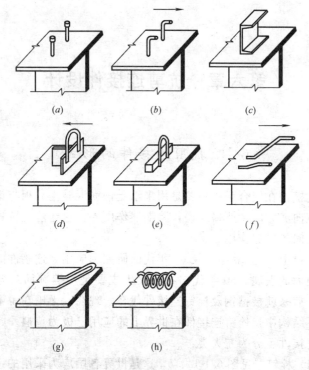

图 6.1-1 抗剪连接件的形式

上翼缘有抗翼板掀起的功能，而 T 形钢及方钢则必须加焊直径不小于 12mm 的箍筋（见图 6.1-1d、e）才能保证翼板不被掀起。型钢抗剪连接件的承载力高，但连接件体形尺寸大，常见厚度的楼板内可能容纳不下，需要在平板下面扩充一个板托才能解决。

（3）钢筋 见图 6.1-1 f、g、h。钢筋连接件可以做成弯筋及螺旋筋两种，弯筋的直径为 12～20mm；螺旋筋直径为 10～16mm，螺距为 75～125mm。

弯筋连接件的情况和型钢类似，也是承载力高，有时要板托。

有些连接件的设置方向与受力方向有关，应该和图 6.1-1 中的箭头方向一致，主要是出于以下几点考虑：

(a) 型钢肢尖不宜迎向推力方向，以免混凝土受劈裂作用；

(b) 有利于抗翼板掀起；

(c) 弯筋倾斜方向应顺向受力方向。

6-2 抗剪连接件的试件与试验

连接件在混凝土中近于弹性地基上的梁工作，受弯受剪，还要受翼板的掀起拉力，它迎向受力方向的侧面可能全部受压也可能局部受压，混凝土翼板内的配筋对连接件的工作也有影响，要用力学方法分析连接件的承载力是有困难的，因此一般求助于试验。

连接件的试验方法有推出试验及梁式试验两种。采用推出试验时，其结果稍偏低，Slutter 及 Driscoll 在比较这两种试验方法的结果后认为，推出试验结果大约是梁式试验结果的下限。一般均以推出试验结果作为制定规范的依据。

欧洲钢结构协会 ECCS《组合结构规范》推荐的推出受剪试件尺寸及配筋如图 6.2-1 所示。

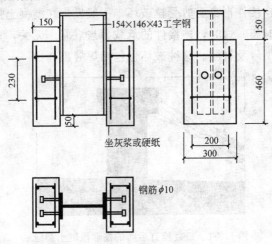

图 6.2-1 推出受剪试件

ECCS 建议,对推出受剪尚应遵守以下几点:

(a) 钢梁翼缘接触面涂油以防止混凝土与之粘结。

(b) 试验时混凝土强度等级必须为所设计梁中混凝土强度等级的 $70\% \pm 10\%$。

(c) 必须检测连接件钢材的屈服点。

(d) 加载速度必须均匀,达到破坏的时间不少于 15 分钟。

关于试验结果的评价,ECCS 建议可用以下两种方法来确定连接件的抗剪承载力标准值:

方法 1

当任一个试验结果的偏差较全部试件所得到的平均值不超过 10% 时,承载力标准值取试验的最低值。

方法 2

当至少做了 10 个试验时,取可能有 5% 的结果低于此值的荷载作为承载力标准值。

6-3 抗剪连接件的静力工作性能

一、连接件的破坏形式

(1) 连接件自身受剪受拉破坏 一般发生在混凝土强度等级比较高的时候。这时,连接件的承载力与混凝土无关,只取决于连接件的型号及材质。这种破坏也包括焊缝破坏。

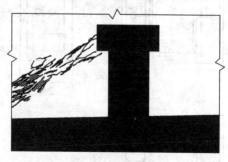

图 6.3-1 短矮栓钉后面的楔形混凝土裂缝

(2) 连接件附近混凝土破坏 以栓钉为例，栓钉前面（迎压面）根部混凝土局部受压破碎或劈裂。栓钉在普通混凝土内的变形为钉杆轴线弯曲，而在轻混凝土中钉杆轴线则几乎是直的。如果栓钉深（高）度不足，推出试验后会在栓钉后面（背压面）带出一块楔形混凝土，见图 6.3-1。

二、栓钉连接件的抗剪承载力

已如前述，栓钉在混凝土内的工作简图接近于弹性地基上的梁，它的破坏形式属于栓钉附近混凝土局部受压破坏，因而除了栓钉本身规格之外，主要与混凝土强度及弹性模量有关。就栓钉规格而言，一是栓钉钉杆直径，另外就是栓钉长度。试验表明，当栓钉长度大于钉杆直径 4 倍以后，承载力的增加渐趋收敛。而当栓钉长度较小时，不仅承载力低，面且将转化为栓钉拔出破坏。

在上世纪 60 年代，美国学者 Viest、Slutter、Driscoll 以及英国学者 Chapman 等曾对栓钉连接件的抗剪承载力作了大量的试验工作，后来 J. W. Fisher 又做了不少补充试验，还作了量纲优化分析，认为取 $A_s \sqrt{f'_c E_c}$ 为综合自变量最合适，于 1971 年提出了既可用于普通混凝土又可用于轻骨料混凝土的计算公式如下：

$$N^c_{vu} = 0.5 A_s \sqrt{f'_c E_c} \qquad (6.3\text{-}1)$$

式中 N^c_{vu}——栓钉连接件的抗剪承载力；

A_s——栓钉钉杆截面面积；

f'_c——混凝土 150mm×300mm（6″×12″）的圆柱体抗压强度；

E_c——混凝土弹性模量。

公式（6.3-1）的适用条件是栓钉高对钉杆直径之比为 4。它与试验结果吻合很好，见图 6.3-2。

由图 6.3-2 可见，当 $\sqrt{f'_c E_c} \geqslant 896$MPa（130ksi）时，$N^c_{vu}/$

A_s 将不再随 $\sqrt{f_c' E_c}$ 增加而增加，N_{vu}^c/A_s 接近于常量，等于 448MPa（65ksi），说明破坏形式已由混凝土破坏转化为栓钉本身破坏，此时栓钉应力已进入应变硬化阶段，接近于栓钉钢材的抗拉强度。

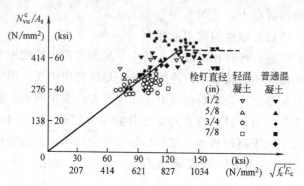

图 6.3-2　栓钉抗剪承载力试验结果 [22]

公式（6.3-1）引起了世界各国的普遍注意。

加拿大《钢结构规范》就以公式（6.3-1）为基本公式，并加上 $N_{vu}^c \leqslant 448 A_s$ 的限制条件。

日本规范在和自己国内试验数据对照之后，亦采用了公式（6.3-1），但规定 $\sqrt{f_c' E_c}$ 的适用范围为 345～624MPa，其上限规定得比 896MPa 小，约为该限值的 0.7 倍。

欧洲钢结构协会 ECCS 在制定 1981 年的《组合结构规范》时，通过与欧洲试验数据对比，亦采用类似的公式，对于高与直径之比为 4.2 的栓钉，其公式为

$$N_{vu}^c = 0.46 A_s \sqrt{f_{ck} E_c} \leqslant 0.7 A_s f_u \qquad (6.3\text{-}2)$$

式中　f_{ck}——混凝土 150mm×300mm 圆柱体抗压强度标准值；
　　　f_u——栓钉钢材的抗拉强度。

公式（6.3-2）的试验结果验证见图 6.3-3，图中 d 为栓钉钉杆直径。

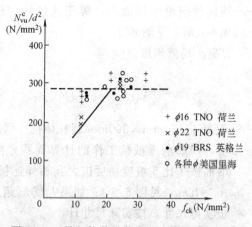

图 6.3-3 栓钉抗剪承载力试验结果 [ECSS]

三、槽钢连接件的抗剪承载力

槽钢连接件在混凝土中的工作也是接近于弹性地基上梁，混凝土与槽钢之间的相互作用是通过它们之间的局部承压来平衡的。由于槽钢腹板较柔，混凝土的局部承压抵抗仅限于槽钢的根部附近，即其下翼缘及一小部分腹板区，根据试验结果归纳，它的抗剪承载力表达式为：

$$N_{vu}^c = 0.3(t_f + 0.5t_w) l \sqrt{f_c' E_c} \qquad (6.3-3)$$

式中 t_f——槽钢翼缘平均厚度；

t_w——槽钢腹板厚度；

l——槽钢长度。

我国郑州工学院等单位对槽钢连接件也曾作了不少试验[20]；验算表明，公式（6.3-3）的规律与试验吻合很好，是可行的。

四、T形钢和方钢的抗剪承载力

T形钢和方钢连接件属于刚性连接件，连接件与混凝土之间的相互作用主要是局部承压作用，而且可以认为在接触面上的承压应力是均匀分布的。因此，连接件对纵向剪力的抵抗主要取决于混凝土的局部承压抗力，ECCS《组合结构规范》规定的表达式为：

$$N_{vu}^c = A_l f_{cb} \qquad (6.3-4)$$

式中 A_l——连接件前沿承压面积，等于连接件的长×高，即 $A_l=l_s h_s$，见图 6.3-4；

f_{cb}——混凝土局部承压强度，

$$f_{cb}=f_{ck}\sqrt{\frac{A_b}{A_l}}\leqslant 2.5f_{ck} \qquad (6.3\text{-}5)$$

其中 f_{ck}——混凝土 150mm×300mm 圆柱体抗压强度标准值；

A_b——参与局部承压抵抗工作的计算面积，由连接件前沿面按 1 比 5 坡度往后扩大到相邻连接件的后侧，$A_b=l_b h_b$，见图 6.3-4；如果 l_b 或 h_b 超过混凝土翼板实际尺寸，按实际尺寸计。

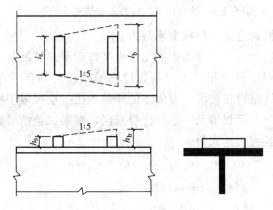

图 6.3-4 方钢连接件局部承压的计算面积

五、弯筋连接件的抗剪承载力

对于弯筋连接件的抗剪能力，各国规范在机理的解释上颇不一致。

ECCS 根据弯筋受剪且受拉复杂内力的屈服条件，又不考虑混凝土板与钢梁之间摩擦影响，取用

$$N_{vu}^c=\frac{A_s f_y}{\sqrt{\cos^2\alpha+2\sin^2\alpha}}=\frac{A_s f_y}{\sqrt{1+\sin^2\alpha}} \qquad (6.3\text{-}6)$$

式中 f_y——钢筋屈服强度；

α——钢筋弯起角。

美国混凝土协会 ACI 根据摩擦剪理论，假定钢筋单轴受拉，同时考虑混凝土翼板与钢梁之间摩擦作用，取用

$$N_{vu}^c = A_s f_y (\cos\alpha + \mu\sin\alpha) \quad (6.3\text{-}7)$$

式中　μ——混凝土与钢的摩擦系数，取 $\mu=0.7$。

在德国及前苏联，则给出比较简单的公式如下：

$$N_{vu}^c = A_s f_y \quad (6.3\text{-}8)$$

以 $\alpha=45°$ 的弯筋连接件为例，按 ECCS 的公式（6.3-6）计算，$N_{vu}^c = 0.816 A_s f_y$；按 ACI 的公式（6.3-7）计算，$N_{vu}^c = 1.202 A_s f_y$；按德国公式（6.3-8）计算，$N_{vu}^c = 1.0 A_s f_y$。可见，彼此之间分歧较大，ACI 的公式计算结果比 ECCS 的高 50%，德国公式的计算结果居中。

我国哈尔滨建筑工程学院在这方面系统地作了试验[21]，发现弯筋既是拉-剪复杂受力，而且随着荷载剪力的增加，叠合缝愈夹愈紧。混凝土板与钢梁之间的摩擦作用也不能忽视，连接件的抗剪承载力均超过钢筋的屈服拉力 $A_s f_y$。

经过分析论证，我国《钢结构设计规范》决定采用公式（6.3-8）作为弯筋连接件的承载力表达式。

六、连接件的变形性能

连接件的变形是指叠合缝的相对滑移，叠合缝相对滑移将导致组合梁的挠度增大，是挠度计算时一项不容忽视的因素。

连接件的变形性能一般用它的荷载-滑移曲线（N_v-Δ 曲线）表示。在组合梁考虑叠合缝相对滑移的弹性分析中，该项本构关系很关键；要是作组合梁全过程分析，该项本构关系更是缺此不可。

（1）栓钉连接件的荷载-滑移曲线

根据文献[22]，栓钉连接件所受的荷载剪力 N_v 与滑移 Δ 的关系可用下式表达：

$$N_v = N_{vu}^c (1 - e^{-0.71\Delta})^{2/5} \qquad (6.3-9)$$

式中 N_v——荷载对连接件的剪力作用；

N_{vu}^c——连接件的抗剪承载力；

Δ——滑移量，以 mm 计。

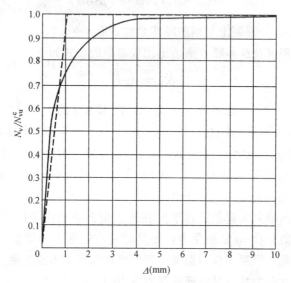

图 6.3-5 栓钉的荷载-滑移曲线

如果取荷载级别 N_v/N_{vu}^c 为纵坐标，以滑移 Δ 为横坐标，公式 (6.3-9) 可用图 6.3-5 中的实曲线表示。由该图得知，当 $N_v/N_{vu}^c \leqslant 0.5$ 时，可视为呈斜直线关系，斜率为 1.6:1 左右，表明连接件为弹性抗剪工作且刚度很大，当 $N_v = 0.5 N_{vu}^c$ 时，Δ 仅为 0.28mm；稍后，滑移量便趋于明显，但仍然不算太大，例如在结构使用阶段，N_v/N_{vu}^c 在 0.65~0.75 之间，此时滑移量 Δ 为 0.59~0.94mm，荷载-滑移曲线在此阶段的割线坡度为 1.12:1 ~0.80:1；过了这个阶段之后，滑移变形明显加大，但连接件也表现出了良好的延性，仅在 $N_v/N_{vu}^c = 0.95$ 之后的最后 0.05 级的荷载增量中，滑移就延续了 3~8mm，栓钉滑移的最终值可达 6~11mm。

如上所述，在 $N_v/N_{vu}^c > 0.5$ 之后，N_v-Δ 曲线呈非线性关系，意味着连接件的割线抗剪刚度 k 将随着荷载剪力的增大而减小，在组合梁弹性分析中 k 取为常数显然与此不符。作为一种变通，现将图 6.3-5 中用实线表示的 N_v-Δ 曲线变换为用虚线表示的双折线，变换的关键是如何为折线的上升段选出一个令人满意的斜率。笔者认为，所选定的折线上升段必须在 $N_v/N_{vu}^c = 0.65 \sim 0.75$ 区间内的曲线段中穿过，使得在组合梁正常使用阶段时连接件的工作区间与所选定的折线上升段十分逼近，具体操作是在斜率 1.12：1～0.84：1 之间选定斜率 1.0：1 作为折线上升段的斜率，该斜率所表达的就是连接件的抗剪刚度 k，$k = N_v/\Delta$，如果沿双折线上升段考察，当 $\Delta = 1$ 时，$N_v = N_{v,u}^c$，故实用上就可以直截了当地将连接件的抗剪刚度用下式表达：

$$k = 1.0 N_v^c \qquad (6.3\text{-}10)$$

式中　N_v^c——栓钉连接件的抗剪承载力设计值，但单位取 N/mm，此地将 N_{vu}^c 改用 N_v^c 主要是为了保证组合梁的变形可靠度。

事后发现，我国《钢结构设计规范》同样采用 $k = 1.0 N_v^c$ (N/mm)，没有见到背景资料，这也许是殊途同归。

(2) 几种连接件的变形能力比较

文献 [23] 将栓钉、方钢及槽钢连接件的 N_v-Δ 曲线示于图

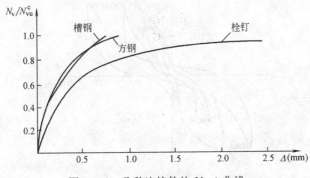

图 6.3-6　几种连接件的 N_v-Δ 曲线

6.3-6。

由图可见，栓钉连接件的变形大、延性好，属于柔性连接件；其余两种连接件则变形小、刚度大，属于刚性连接件。在刚性连接件中，方钢与槽钢同属于以局压为主要抵抗的连接件，它们的 N_v-Δ 曲线亦颇为相似；刚性连接件的刚性大而极限相对滑移小，今后如遇有刚、柔连接件混用情形，这种变形不协调的后果一定要考虑进去。

6-4 抗剪连接件的动力工作性能

一、低周反复加载时连接件的变形性能

1972 年 Uchida 等人对人对 ϕ19 栓钉、混凝土圆柱体强度 f'_c = 3000psi（20.7MPa）的推出试件作了低周反复试验，反复加载 10 次。试验结果见图 6.4-1，图中试件 A 的荷载幅等于其"有效承载力"，即对应于剩余滑移量为 0.003in 时的承载力，该指标现已不用；试件 B 的荷载幅为试件 A 的 1.5 倍；试件 C 的荷载幅为试件 A 的 0.5 倍。由试验的滞回曲线可以看出：

（1）尽管随着循环次数增加相对滑移也增加，但逐渐趋于稳

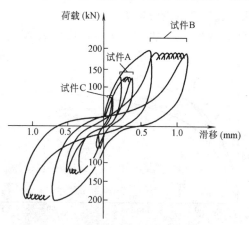

图 6.4-1 栓钉推出试件低周反复滞回曲线

定，并且收敛于某个限值。

(2) 栓钉平均刚度（每一循环中滞回曲线峰点至原点连线的割线斜率）随着循环增加而下降，当荷载幅度小于或等于"有效承载力"时，最后循环的平均刚度为初次的 2/3；当荷载幅为"有效承载力"的 1.5 倍时，最后循环的平均刚度为初次的一半左右。

二、连接件的耐疲劳性

栓钉推出试件疲劳试验的综合结果见图 6.4-2。试验表明，连接件的耐疲劳性主要与剪应力幅 $\Delta\tau$ 有关，剪应力最小值 τ_{min} 本身大小对耐疲劳的影响是次要的。

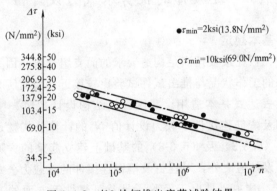

图 6.4-2　φ19 栓钉推出疲劳试验结果

上世纪 60 年代 Slutter 及 Fisher 等人通过对栓钉及槽钢连接的疲劳试验证明，栓钉与连接件的疲劳发生在焊缝区，剪应力幅 $\Delta\tau$ 与循环次数 n 的关系式为

$$\Delta\tau = 1020 n^{-0.186} \qquad (6.4\text{-}1)$$

式中　$\Delta\tau = |\tau_{max} - \tau_{min}|$ ——剪应力幅值，以 N/mm^2 计；

τ_{max}、τ_{min} ——连接件最大剪应力及最小剪应力；

n ——循环次数。

公式 (6.4-1) 的计算结果见表 6.4-1。欧洲 ECCS《组合结构规范》对栓钉连接件的耐疲劳性作了表 6.4-2 的规定。由表

6.4-1 与表 6.4-2 对比，可以看出两者是一致的。

Δτ 与 n 关系   表 6.4-1

循环次数 n	1×10^5	5×10^5	2×10^6
剪应力幅 $\Delta\tau(\text{N/mm}^2)$	120.7	89.6	69.0

栓钉连接件的耐疲劳性   表 6.4-2

循环次数 n	10^4	10^5	5×10^5	2×10^6	10^7	10^8
剪应力幅限值 $[\Delta\tau](\text{N/mm}^2)$	160	115	90	70	60	50

6-5 连接件的抗剪承载力设计值

一、基本规定

对于无板托或板托满足构造要求的简支组合梁，因为其中抗剪连接件的工作状况与推出试件试验比较接近，前面所介绍的抗剪承载力表达式基本适用。我国《钢结构设计规范》中关于栓钉、槽钢及弯筋连接件承载力设计值 N_v^c 的计算公式就是在公式 (6.3-2)、(6.3-3) 及 (6.3-8) 的基础上建立起来的。除了材料强度改用设计值之外，对栓钉及槽钢连接件的承载力公式再乘以 0.85 降低。这主要是出于经验不足及可靠性等方面的考虑。因而有

(a) 圆柱头焊钉（栓钉）连接件

$$N_v^c = 0.43 A_s \sqrt{E_c f_c} \leqslant 0.7 A_s \gamma f \qquad (6.5\text{-}1)$$

式中 E_c——混凝土弹性模量；

f_c——混凝土轴心抗压强度设计值；

f——圆柱头焊钉（栓钉）抗拉强度设计值；

A_s——圆柱头焊钉（栓钉）钉杆截面面积；

γ——栓钉材料抗拉强度最小值与屈服强度之比，$\gamma = f_u/f_y$。

当栓钉材料性能等级为 4.6 级时，取 $\gamma=400/240=1.67$，并取 $f=215\text{N}/\text{mm}^2$。

栓钉材料性能等级的表示与螺栓的相同，4.6 级小数点前面的数字表示栓钉材料抗拉强度最小值 f_u 不小于 $400\text{N}/\text{mm}^2$，小数点后面数字表示材料的屈强比为 0.6。公式（6.5-1）中的 $\gamma f=1.67\times 215=360\text{N}/\text{mm}^2$，相当于 f_u 的设计值，等于 $400/1.11=360\text{N}/\text{mm}^2$ 取抗力分项系数 1.11；而材料的强屈比 $\gamma=1.67$，相当于屈强比 0.6 的倒数。可见公式（6.5-1）中的上限表达与公式（6.3-2）的上限表达只是形式上的不同，实质是一样的。

（b）槽钢连接件

$$N_v^c = 0.26(t+0.5t_w)l_c\sqrt{E_c f_c} \quad (6.5\text{-}2)$$

式中 t——槽钢翼缘平均厚度；

t_w——槽钢腹板厚度；

l_c——槽钢长度。

槽钢连接件通过肢尖肢背两条通长角焊缝与钢梁连接，角焊缝按承受该连接件的抗剪承载力设计值 N_v^c 的 1.2 倍进行计算。

部分强度等级混凝土的 $\sqrt{E_c f_c}$ 见表 6.5-1。

$\sqrt{E_c f_c}$ 值   表 6.5-1

混凝土强度等级	C20	C25	C30
$\sqrt{E_c f_c}$ （N/mm²）	495	577	655

（c）弯筋连接件

$$N_v^c = A_{st} f_{st} \quad (6.5\text{-}3)$$

式中 A_{st}——弯筋截面面积；

f_{st}——弯筋抗拉强度设计值。

至于 T 形钢及方钢连接件，我国规范虽未给出承载力设计值的表达式，不过公式（6.3-4）及公式（6.3-5）的形式是可以承认的，同理只要将材料强度取用设计值，并将原公式乘以 0.85 降低系数，即得

$$N_v^c = 0.85 A_l \beta f_c \quad (6.5\text{-}4)$$

式中 f_c——混凝土轴心抗压强度设计值；
β——局部承压强度系数，

$$\beta=\sqrt{\frac{A_b}{A_l}}\leqslant 2.5 \tag{6.5-5}$$

A_l 及 A_b 定义见公式（6.3-4）及公式（6.3-5）的说明。

二、带锚筋或锚环的块式连接件的联合抗剪承载力设计值

带锚筋或锚环的块式连接件（图 6.5-1）是混合连接件。这种混合连接件的抗剪承载力很高，抗掀起能力也很强，因此欧洲组合梁桥梁设计规范 Eurocode 4，Part 2 尤其是对带锚环的块式连接件也给予了相当的注意。关于它们的抗剪承载力设计值，由于两种连接件的工作刚度不同，极限相对滑移量也不同，锚筋柔而块体刚，当块式连接件达到抗剪承载力极限时，锚筋的承载能力尚未充分发挥，后者的承载力应乘以一个小于 1 的系数之后方能与前者叠加。因此：

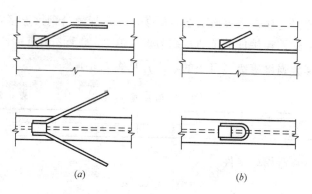

图 6.5-1 混合连接件
(*a*) 带锚筋的；(*b*) 带锚环的

对带锚筋的块式连接件

$$N_{v,c}^c = N_{v,b}^c + 0.5 N_{v,s}^c \tag{6.5-6}$$

对带锚环的块式连接件

$$N_{v,c}^c = N_{v,b}^c + 0.7 N_{v,s}^c \tag{6.5-7}$$

式中 $N_{v,c}^c$——连接件的联合抗剪承载力设计值；

$N_{v,b}^c$——块式连接件抗剪承载力设计值,按公式(6.5-4)确定;

$N_{v,s}^c$——锚筋或锚环的抗剪承载力设计值。

三、连接件抗剪承载力设计值的折减系数

这里是指压型钢板混凝土组合板翼板的简支组合梁、连续组合梁及外伸组合梁,它们的连接件工作状况比推出试验时不利,需要对基本规定的抗剪承载力设计值乘以折减系数 β_v 降低。

(1) 压型钢板混凝土组合板翼板的组合梁

在压型钢板混凝土组合板翼板的组合梁中,抗剪连接件一般用栓钉。由于需要将栓钉焊穿压型钢板而后焊在钢梁上,栓钉根部附近无混凝土约束,其工作状况略逊于实体的推出试件;如果压型钢板肋垂直于钢梁布置,压型钢板波折形成的肋沿梁的纵向不是连续的,其工作将更为不利。抗剪承载力折减系数 β_v 除了与压型钢板混凝土组合板楼盖的肋宽 b_w、肋高 h_e 之比 b_w/h_e 有关外,还与栓钉伸入这种楼盖平板内的深度 (h_d-h_e) 与肋高 h_e 之比 $(h_d-h_e)/h_e$ 有关,其中 h_d 为栓钉高度。因此规范规定,它们的抗剪承载力设计值应按以下两种情况予以降低。

(a) 当楼盖肋平行于钢梁布置时,图 6.5-2a,不折减,取 $\beta_v=1$;而当 $b_w/h_e<1.5$ 时,其折减系数为

$$\beta_v = 0.6 \frac{b_w}{h_e}\left(\frac{h_d-h_e}{h_e}\right) \leqslant 1 \qquad (6.5-8)$$

式中 b_w——混凝土凸肋的平均宽度,当肋的上部宽度小于下部宽度时(图 6.5-2c),取上部宽度;

h_e——混凝土凸肋高度;

h_d——栓钉高度。

(b) 当楼盖肋垂直于钢梁布置时,图 6.5-2b。其折减系数为

$$\beta_v = \frac{0.85}{\sqrt{n_0}} \times \frac{b_w}{h_e}\left(\frac{h_d-h_e}{h_e}\right) \leqslant 1 \qquad (6.5-9)$$

式中 n_0——在梁某截面处一个肋中布置的栓钉数,当多于3个时,按3个计算。

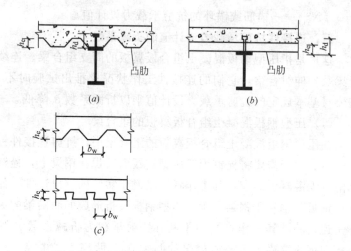

图 6.5-2 压型钢板混凝土组合板翼板的组合梁
(a) 肋平行于钢梁;(b) 肋垂直于钢梁;(c) 压型钢板混凝土组合板剖面

(2) 多跨连续的负弯矩区段,取

$$\beta_v = 0.9 \qquad (6.5\text{-}10)$$

(3) 外伸梁,取

$$\beta_v = 0.8 \qquad (6.5\text{-}11)$$

【算例 6.5-1】 已知栓钉钉杆直径为 16mm,$A_s = 201\text{mm}^2$。求混凝土强度等级为 C25 及 C30 时该栓钉的抗剪承载力设计值。

解:

由表 6.5-1,查得 C25 及 C30 时的 $\sqrt{E_c f_c}$ 分别为 577N/mm² 及 655N/mm²,代入公式 (6.5-1),

对 C25 混凝土

$$N_v^c = 0.43 A_s \sqrt{E_c f_c} = 0.43 \times 201 \times 577 = 49870\text{N}$$

$$= 49.87\text{kN} < 0.7A_s\gamma f = 0.7 \times 201 \times 1.67 \times 215$$
$$= 50518\text{N} = 50.52\text{kN}$$

取 $N_v^c = 49.9\text{kN}$

对 C30 混凝土

$$N_v^c = 0.43 A_s \sqrt{E_c f_c} = 0.43 \times 201 \times 655$$
$$= 56.61\text{kN} > 0.7 A_s \gamma f = 50.52\text{kN}$$

取 $N_v^c = 50.5\text{kN}$

可见，对 4.6 级栓钉，当混凝土强度等级 $\geqslant$ C30 后，N_v^c 取上限，等于 $0.7 A_s \gamma f$。事实上对 C25 混凝土，连接件的抗剪承载力设计值 N_v^c（$= 49.9\text{kN}$）已经接近了它的上限（$= 50.5\text{kN}$），可见高强混凝土无济于提高连接件的抗剪承载力设计值。

6-6 组合梁抗剪连接件的弹性设计法

组合梁的连接件设计，与梁的受弯设计相对应，也可以分为弹性设计法与塑性设计法。第四章中所作的基本假定也完全适用于连接件的弹性设计法。

一、基本公式

在图 6.6-1 中，设在组合梁上第 i 个连接件处，连接件间距为 u_i，荷载引起的竖向剪力为 V_i。由材料力学可知，在混凝土翼板与钢梁的叠合面上该处的单位长度的纵向剪力 v_{il} 为

$$v_{il} = \frac{V_i S}{I_{eq}} \tag{6.6-1}$$

式中 S——混凝土翼板的换算截面对整个换算截面形心轴的截面面积矩；

I_{eq}——整个换算截面的截面惯性矩。

该处连接件的间距为 u_i，集中起来，该连接件所承受的纵

向剪力 V_{il} 为

$$V_{il} = v_{il} \times u_i = \frac{V_i S u_i}{I_{eq}} \qquad (6.6\text{-}2)$$

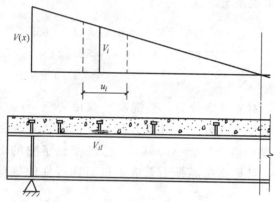

图 6.6-1　组合梁中连接件的纵向受剪

二、连接件的强度设计

在抗剪连接件按弹性方法的强度设计中，剪力作用有永久荷载引起的 V_{iG} 与可变荷载引起的 V_{iQ} 之分，与之对应的截面几何特征 S 及 I_{eq} 亦应有长期作用下的与短期作用下之分，前者是将混凝土翼板按 $1/(2\alpha_E)$ 倍折算成钢质的换算截面，后者将混凝土翼板按 $1/\alpha_E$ 倍折算成钢质的换算截面。在 V_{iG} 作用下用长期作用下的截面几何特征 S^l 及 I_{eq}^l；在 V_{iQ} 作用下则用短期作用下的截面几何特征 S^s 及 I_{eq}^s，其中上角标"l"及"s"分别代表"长期作用下"及"短期作用下"，主体符号定义同前。

设计可能遇到两种情况：

情况 1　已知在第 i 个连接件处，永久荷载作用引起的剪力设计值 V_{iG} 及可变荷载作用引起的剪力设计值 V_{iQ}，连接件的列数 n_s 及间距 u_i，长期作用下的换算截面几何特征 S^l 及 I_{eq}^l，短期作用下的换算截面几何特征 S^s 及 I_{eq}^s。根据公式（6.6-2）的原理，要求在强度上满足以下条件：

$$V_{il} = \frac{V_{iG} S^l u_i}{I_{eq}^l} + \frac{V_{iQ} S^s u_i}{I_{eq}^s} \leqslant n_s N_v^c \qquad (6.6\text{-}3)$$

式中 $n_s N_v^c$——计算截面处总的连接件抗剪承载力设计值，其中 N_v^c 为一个连接件的抗剪承载力设计值，n_s 为连接件列数。

情况 2 已知永久荷载作用引起的剪力设计值 V_{iG} 及可变荷载作用引起的剪力设计值 V_{iQ}，连接件的列数 n_s 及一个连接件的抗剪承载力设计值 N_v^c，长期作用下的换算截面几何特征 S^l 及 I_{eq}^l，短期作用下的换算截面几何特征 S^s 及 I_{eq}^s。要求决定连接件的间距 u_i。

具体计算步骤如下：

根据公式（6.6-2）的原理，求剪力作用 V_{iG} 所需的连接件间距 u_{iG}，

$$u_{iG} = \frac{n_s N_v^c I_{eq}^l}{V_{iG} S^l} \qquad (6.6\text{-}4)$$

同理，求剪力作用 V_{iQ} 所需的连接件间距 u_{iQ}，

$$u_{iQ} = \frac{n_s N_v^c I_{eq}^s}{V_{iQ} S^s} \qquad (6.6\text{-}5)$$

最后，由以下关系式决定应采用的连接件间距 u_i，

$$\frac{1}{u_i} = \frac{1}{u_{iG}} + \frac{1}{u_{iQ}} \qquad (6.6\text{-}6)$$

因为在一般情况下 V_i 为变值，照理 u_i 亦应随之变化，但这样会给设计和施工带来极大的不便，故一般将梁的剪力图划分成 2～3 个区段，且其中第一（靠近支座的）区段长度不宜小于梁跨的 1/10。在每个区段内连接件间距均匀相等且均按该区段的最大剪力决定。此外，连接件的间距尚应满足 6-8 节的规定要求。

三、连接件的疲劳验算要点

组合梁中钢部件及混凝土部件的疲劳验算按弹性状态计算,应分别遵守《混凝土结构设计规范》及《钢结构设计规范》中的有关规定。

至于连接件的疲劳验算,目前国内尚无正式规定,提出一些设计要点供参考。

(1) 承受动力荷载重复作用的组合梁,当应力变化循环次数 $n \geqslant 10^5$ 次时,应进行疲劳验算。

(2) 疲劳验算采用荷载标准值,按弹性状态计算,既要考虑剪力作用最大值,又要考虑剪力作用最小值。

(3) 在计算组合梁换算截面时,采用混凝土疲劳变形模量 E_c^f 代替弹性模量 E_c。混凝土的疲劳变形模量 E_c^f 见表 6.6-1。

部分混凝土的疲劳变形模量 E_c^f 表 6.6-1

混凝土强度等级	C20	C25	C30	C35	C40	C45
$E_c^f(\times 10^3 \text{N/mm}^2)$	11	12	13	14	15	16

(4) 对常幅(当所有应力循环的应力幅为常量时)疲劳,连接件的疲劳设计就是在给定循环次数要求的前提下,栓钉或槽钢连接件的剪应力幅 $\Delta \tau$ 应满足表 6.4-2 的要求,即

$$\Delta \tau = |\tau_{max} - \tau_{min}| \leqslant [\Delta \tau] \quad (6.6\text{-}7)$$

式中　τ_{max}——连接件的最大剪应力;

τ_{min}——连接件的最小剪应力;

$[\Delta \tau]$——连接件剪应力幅限值,查表 6.4-2 确定。

栓钉及槽钢连接的剪应力 τ 等于它所受的纵向剪力 V_{il} 除以截面面积 A_s,即 $\tau = V_{il}/A_s$。其中纵向剪力 V_{il} 由公式(6.6-2)确定;对栓钉连接件,A_s 为钉杆截面面积;对槽钢连接件,A_s 为焊缝断口的计算截面面积。

(5) 对于变幅(当应力循环的应力幅随机变化时)疲劳,若能预测结构在使用寿命期内各种荷载的频率分布、应力幅水平以及频次分布总和所构成的设计应力谱,其疲劳寿命可按下述

Miner 氏线性累积损伤规划规定：

$$\sum \frac{n_i}{[n_i]} \leqslant 1 \qquad (6.6\text{-}8)$$

式中 n_i——对应于某个（第 i 个）给定的剪应力幅 $\Delta\tau_i$ 的循环次数，由使用的频次谱给出；

$[n_i]$——对应于某个给定的剪应力幅限值 $[\Delta\tau_i]$ 的容许循环次数，查表 6.4-2 确定。

6-7 组合梁抗剪连接件的塑性设计法

一、概述

连接件的工作不是绝对刚性的，组合梁考虑叠合缝相对滑移的弹性分析算例已经表明，在使用阶段在叠合缝间单位长纵向剪力 $q(x)$ 并没有和梁的剪力图成正比，而是呈曲线分布，而且"卸荷"现象十分显著。要是在承载力极限状态仍然按叠合缝无滑移的弹性状态分析，将很难令人信服。以栓钉连接件为例，它的终极相对滑移量为 6~11mm；就在临终极之前，5%的荷载增量对应的屈服滑移就有 3~8mm 之多（见 6-3 节第六分节），因而叠合缝内各个连接件之间便发生了由于塑性滑移产生的内力重分配，受力大的连接件把应增加的负担卸荷给受力小的，使得叠合面上各个连接件受力最终几乎相等，而与连接件的位置无关。基于这样的原理，组合梁连接件的塑性设计可用极限平衡的概念来考虑，具体的做法是：首先确定最大弯矩点与相邻零弯矩点之间在叠合面上总的纵向剪力 V_s，然后再根据 V_s 值确定该区段内所需的连接件总个数及其合理布置。现分别阐述如后。

二、组合梁最大弯矩点与相邻零弯矩点之间叠合面上总的纵向剪力 V_s 的确定

以多跨连续梁为例，在均布荷载作用下，最大弯矩点在跨中及内支座处，零弯矩点在边支座及反弯点处，连续梁可以在弯矩

图上以这些临界点为界分成若干个剪跨区,见图 6.7-1。在每个剪跨区内叠合面上的纵向剪力 V_s 可以按以下规定确定:

（a）正弯矩区段内的剪跨（以图 6.7-1 中的剪跨 1 为例）

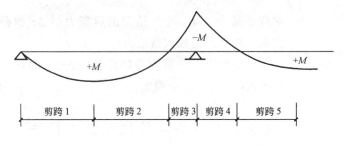

图 6.7-1　组合梁的剪跨划分

当塑性中和轴位于混凝土翼板内时,见图 6.7-2,塑性中和轴位于叠合面之上,如果以钢部件为脱离体,由平衡条件$\sum X = 0$,有

$$V_s = Af \tag{6.7-1}$$

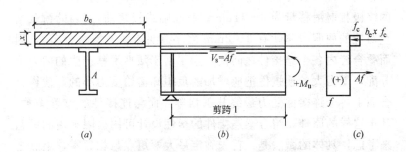

图 6.7-2　纵向剪力公式（6.7-1）的简图
(a) 截面；(b) 纵向剪力 V_s；(c) 截面应力

当塑性中和轴位于钢梁之内时,见图 6.7-3,塑性中和轴在叠合面之下,如果以混凝土翼板为脱离体,由平衡条件$\sum X = 0$,有

$$V_s = b_e h_c f_c \tag{6.7-2}$$

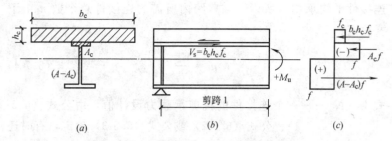

图 6.7-3 纵向剪力公式 (6.7-2) 的简图
(a) 截面；(b) 纵向剪力 V_s；(c) 截面应力

在具体运作上,可以不必事先判定塑性中和轴位置,而是按 $V_s=Af$ 及 $V_s=b_e h_c f_c$ 分别计算,其中的较小者就是真值,就作为设计取值。

(b) 负弯矩区段内的剪跨(以图 6.7-1 中的剪跨 3 为例)

此时塑性中和轴恒在钢梁之内,图 6.7-4。如果以混凝土翼板为脱离体,由平衡条件 $\sum X=0$,有

$$V_s = A_{st} f_{st} \tag{6.7-3}$$

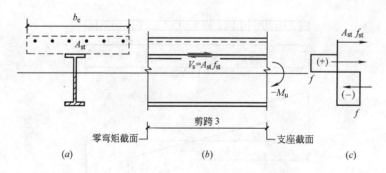

图 6.7-4 纵向剪力公式 (6.7-3) 的简图
(a) 截面；(b) 纵向剪力 V_s；(c) 截面应力

三、剪跨内叠合面上连接件个数的确定及初步布置

由于在极限状态时连接件塑性滑移内力重分布的结果,各个连接件受力基本相等,剪跨内叠合面上纵向剪力 V_s 可由其间的

连接件平均承担。所以,该剪跨内所需的连接件总个数 n_f 由下式决定:

$$n_f = \frac{V_s}{N_v^c} \tag{6.7-4}$$

式中　N_v^c——一个连接件的抗剪承载力设计值,由公式(6.5-1)、公式(6.5-2)或公式(6.5-3)确定,有时还要考虑折减系数 β_v。

按上式求得的 n_f 个连接件可以均匀地布置在该剪跨内。当在该剪跨内有较大的集中力作用时,则将连接件总数按各段剪力图面积分配后再各自均匀布置,见图 6.7-5。图 6.7-5 是有集中力作用的单跨简支梁的剪力图,一共有两个剪跨,以剪跨 1 为例,集中力作用点左右两侧的剪力图面积分别为 A_1 及 A_2,在集中力外侧,配 n_1 个连接件,$n_1 = \dfrac{A_1}{A_1 + A_2} n_f$;在集中力内侧配 n_2 个连接件,$n_2 = \dfrac{A_2}{A_1 + A_2} n_f$,$n_1 + n_2 = n_f$。

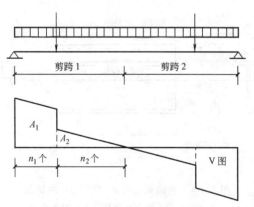

图 6.7-5　剪跨内有较大的集中力作用时的连接件布置

组合梁连接件塑性设计与 6-6 节讲的弹性设计虽然都是为了保证混凝土翼板与钢梁能共同工作,但分析途径却迥然不同。弹性设计认为叠合缝无相对滑移,事先一定要知道梁的竖向剪力图,并且连接件间距一定会反比地与剪力图对应;塑性设计则不需要知道剪力图,对连接件的设计主要是为了保证最大弯矩截面的抗弯能力能充分发挥,考虑了叠合缝间事实上存在的相对滑移而将连接件均匀布置。文献[16]的试验表明,当连接件个数相同时,连接件均匀布置与按剪力图成反比地不均匀布置相比,梁的抗弯承载力没有区别,只是在使用阶段梁端相对滑移大21%,但跨中挠度相差仅大3%。

也许有人认为,按塑性设计求得的连接件在剪跨内均匀布置终究不如考虑剪力图而间距与之成反比地不均匀分布为佳。因为前一种情况下叠合面上纵向水平剪力流的集度是均匀的;而在后一种情况,以满跨均布荷载的简支梁为例,叠合面上纵向水平剪力流的集度呈三角形分布,与梁的纵向剪力图匹配,见图6.7-6。但实际上仍以均匀分布方案为佳,理由如下:

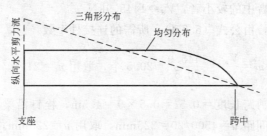

图6.7-6 组合梁在均布荷载下叠合面上的纵向水平剪力流

(a) 在支座附近均匀分布的纵向剪力流集度低于三角形分布的,可以缓减连接件对混凝土的局部受压作用,缓和混凝土翼板或板托在这一区的配筋要求。

(b) 在跨中区,均匀布置的连接件密度大于三角形分布的,有利于跨中最大弯矩截面抗弯承载力的充分发挥。

(c) 连接件均匀布置有利于钢部件的制作。

(d) 当考虑了连接件的"非弹性性能"后,不均匀布置方案并不是十分正确的。

【算例6.7-1】 某简支组合梁,已知跨长 $l=9\text{m}$;混凝土翼

板计算宽度 $b_e=1330$mm，翼板厚度 $h_c=100$mm，混凝土强度等级 C25，轴心抗压强度设计值 $f_c=11.9$N/mm²；钢梁I30b，$A=6725$mm²，Q235，$f=215$N/mm²；栓钉钉杆直径 19mm，$A_s=284$mm²。

求连接件间距。

解：

由表 6.5-1 已知，C25 混凝土的 $\sqrt{E_c f_c}=577$N/mm²

由公式 (6.5-1)，栓钉连接件的抗剪承载力设计值为

$$N_v^c=0.43A_s\sqrt{E_c f_c}=0.43\times 284\times 577=70463\text{N}=70.5\text{kN}$$

由公式 (6.7-1)，$V_s=Af=6725\times 215=1445875N=1445.9$kN

由公式 (6.7-2)，$V_s=b_e h_c f_c=1330\times 100\times 11.9=1582700N=1582.7$kN

取二者中的较小者，$V_s=1445.9$kN

最后，由公式 (6.7-4)，所需的连接件个数

$$n_f=\frac{V_s}{N_v^c}=\frac{1445.9}{70.5}=20.5\text{ 个，取用 }n_f=21\text{ 个。}$$

梁的剪跨长度 $=0.5l=0.5\times 9=4.5$m，栓钉沿梁单列布置时的纵向间距 $u=4500/20=225$mm，取用 $u=225$mm，合乎 6-8 节所列的构造规定。

6-8 抗剪连接件的构造要求

一、一般规定

(1) 栓钉连接件钉头下表面或槽钢连接件上翼缘下表面高出混凝土翼板底部钢筋顶面不宜小于 30mm。

(2) 连接件沿梁跨方向的最大间距不应大于混凝土翼板厚度的 4 倍；也不应大于 $25t\sqrt{235/f_y}$，其中 t 为钢梁受压翼缘的平均厚度；且不应大于 400mm。

(3) 连接件的外侧边缘与钢梁翼缘边缘间的距离不应大于 $9t\sqrt{235/f_y}$，且不应大于 100mm；但不应小于 20mm。

(4) 连接件的外侧边缘与混凝土翼板边缘间的距离不应小于 100mm。

(5) 连接件顶面的混凝土保护层厚度不应小于 15mm。

二、栓钉连接件

(1) 当栓钉位置不正对钢梁腹板时，如钢梁上翼缘受拉，则栓钉钉杆直径不宜大于钢梁上翼缘厚度的 1.5 倍；如钢梁上翼缘受压，则栓钉钉杆直径不宜大于钢梁上翼缘厚度的 2.5 倍。

(2) 栓钉长度不应小于其杆径的 4 倍。

(3) 栓钉沿梁轴线方向的间距不应小于杆径的 6 倍。在侧面倾角小于 30°的板托（含平板）中栓钉垂直于梁轴线方向的间距不应小于杆径的 4 倍，其他情况不应小于杆径的 2.5 倍。

(4) 用压型钢板混凝土组合板做翼板的组合梁，栓钉直径不宜大于 19mm，混凝土凸肋宽度不应小于栓钉杆径的 2.5 倍；栓钉高度 h_d 应符合 $(h_e+30) \leqslant h_d \leqslant (h_e+75)$ 的要求，见图 6.5-2。

三、型钢连接件

(1) 槽钢或块状连接件与钢梁上翼缘的连接焊缝应按 1.2 倍 N_v^c 进行设计。

(2) 块状连接件（T形钢及方钢）必须配置竖向箍筋并与T形钢或方钢焊接，见图 6.1-1d、e。箍筋所受的抗掀起拉力按 $0.1N_v^c$ 考虑。

四、弯筋连接件

(1) 弯筋宜在钢梁上成对设置，用长度不小于 4 倍钢筋直径的双面焊缝焊在钢梁翼缘上。

(2) 弯筋的弯起角宜为 45°，弯折方向应顺向纵向水平剪力方向；在梁的跨中纵向水平剪力方向可能发生变号处，必须在两个方向均有弯起钢筋。

(3) 弯起钢筋自起弯点算起的总长度不宜小于 25 倍钢筋直

筋，光面钢筋尚须另加弯钩，其中水平段长度不宜小于10倍钢筋直径。

6-9 抗剪连接程度对组合梁工作性态的影响

一、完全抗剪连接与部分抗剪连接

组合梁叠合面上抗剪连接件的纵向水平抗剪承载力如能保证最大弯矩截面上抗弯承载力得以充分发挥，这样的连接称为"完全抗剪连接"。第五章的截面塑性设计以及本章第6-7节组合梁连接件塑性设计都是以此为前提的。

如果组合梁按"完全抗剪连接"要求设计抗剪连接件有困难，可以采用"部分抗剪连接"方案，例如，带压型钢板混凝土组合板翼板的组合梁，栓钉只能配置在钢梁上翼缘宽度内的压型钢板凸肋内，栓钉数目有限，栓钉直径也不能太大，这就不得不采用"部分抗剪连接"。

应该指出，部分抗剪连接不能笼统地视为不可靠，部分抗剪连接组合梁的强度及变形性能虽不如完全抗剪连接的理想，但终究要比无抗剪连接的梁好得多，只要它能满足梁的功能要求它就是可靠的。如果按部分抗剪连接设计的组合梁能满足结构可靠度要求，把组合梁设计成部分抗剪连接的也未尝不可。

二、抗剪连接程度对构件承载力的影响

（1）抗剪连接程度的定义

完全抗剪连接及部分抗剪连接是宏观的技术术语，还需要一个定量的度量，那就是"抗剪连接程度"。

设在最大弯矩点与零弯矩点之间（剪跨内）叠合面上连接件总的抗剪承载力 $n_r N_{vu}^c$，而在该剪跨内极限弯矩引起的界面纵向水平剪力为 V_s，两者之比就是抗剪连接程度，记作 r，

$$r = \frac{n_r N_{vu}^c}{V_s} \qquad (a)$$

式中 n_r——剪跨内实配的连接件个数；

N_{vu}^c——一个连接件的极限抗剪承载力。

抗剪连接程度用另一种方式表达可能更形象一些。令 n_r 为叠合面上实配的连接件个数，n_f 为完全抗剪连接时的连接件个数，两者比值即为抗剪连接程度 r，即

$$r=\frac{n_r}{n_f} \qquad (b)$$

当 $r<1$ 时为不完全抗剪连接；当 $r=1$ 时为完全抗剪连接；甚至当 $r>1$ 时可称为超抗剪连接。

(2) 电算结果描述

抗剪连接程度 r 不同，组合梁的破坏部位及形式也不同，如果 r 较小，组合梁沿叠合缝纵向受剪破坏；如果 r 较大，组合梁将是正截面弯曲破坏。此地不论是纵向受剪破坏还是弯曲破坏，梁的承载力统一采用当时梁所承受的弯矩值表示，记作 $M_{u,r}$。

为了探索 $M_{u,r}$ 与 r 的关系，Yam 及 Chapman 作了系统的电算分析。电算时钢材的应力-应变本构关系采用了两个方案，一是视钢材为理想弹塑体，另一个方案则是认为钢材的应变有弹性-屈服-应变硬化三个阶段；实算表明，当组合梁在临近极限状态时，在混凝土翼板破坏之前，钢梁的最大拉应变大多已溢出屈服台阶而进入应变硬化的强化阶段，在钢材屈服之后，梁的抗弯能力还可以较大程度地继续增长。至于 $M_{u,r}$-r 关系的表示空间，以自变量 r 为横坐标，以 $M_{u,r}/M_u$ 的相对值为纵坐标，其中 M_u 为按简单塑性理论算得的极限弯矩值。电算结果的 ($M_{u,r}/M_u$)-r 关系曲线见图 6.9-1。

在图 6.9-1 中，在 $M_{u,r}/M_u=1$ 水平虚线下的曲线 ABCD 为不考虑钢材应变硬化的分析结果。当 $r\approx 0$ 时，线段 AB 给出了纯钢梁的承载力；沿着线段 BC，抗剪连接程度不高，大约以 $r=0.4$ 附近的 C 点为界，连接件虽然承受了一定程度的纵向水平剪力，但叠合缝相对滑移很大，以致在混凝土翼板或钢梁破坏之

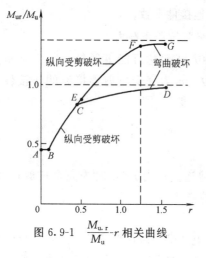

图 6.9-1 $\dfrac{M_{u.r}}{M_u}$-r 相关曲线

前,连接件纵向受剪破坏;尔后,自 C 点起便折向 CD 线段发展,叠合缝的相对滑移减小,构件由纵向受剪破坏转型为弯曲破坏,因为叠合缝多少总有点相对滑移存在,$M_{u.r}/M_u$ 的极限略小于 1。但是,在考虑钢材应变硬化的强化现象之后,电算结果曲线自 C 点依旧连续地沿着线段 EFG 延伸,其中 CEF 段依旧代表纵向受剪破坏,其间大约在 $r=0.6$ 左右,$M_{u.r}$ 就可以达到 M_u 值;尔后线段便在 $M_{u.r}/M_u=1$ 水平虚线以上的空间展开,但要进入代表弯曲破坏的线段 FG,r 必须大于 1.1,由于叠合缝纵向受剪破坏是突然破坏,Chapman 认为定 $r=1.25$ 为 F 点的界限似乎更合理一些。

6-10 部分抗剪连接的组合梁设计

一、概述

本节所介绍的设计方法是偏于保守的近似方法。它适用于承受静力荷载且集中力不大的简支梁。这个设计方法要求所用的抗剪连接件是柔性的,理想的恐怕只有栓钉一种,还要求栓钉钉杆直径不宜超过 22mm,混凝土强度等级不宜高于 C40,用其他形式的抗剪连接件时,必须对柔性要求有充分的试验依据。因为梁的跨度愈大对连接件的柔性要求愈高,因此梁的跨度不宜超过 20m。

二、截面的塑性抗弯承载力计算

(1) 基本原理

部分抗剪连接组合梁在承载力极限状态时，不论其混凝土翼板抗压潜力有多大，混凝土翼板内压力 D 决不会超过在剪跨内叠合缝间抗剪连接件所能传递的纵向剪力，应该在计算截面左右两个剪跨内，取连接件抗剪承载力设计值之和 $n_r N_v^c$ 中的较小者作为混凝土翼板内的压力 D。正因为混凝土翼板内的压力 D 不是由平截面假定变形协调演绎出来的，这就要求连接件有充足的滑移变形能力，好为混凝土翼板及钢梁具有各自的中和轴创造条件。部分抗剪连接组合梁受弯时是不符合平截面假定的，没有公共的塑性中和轴，混凝土翼板与钢梁各有自身的塑性中和轴，见图 6.10-1。

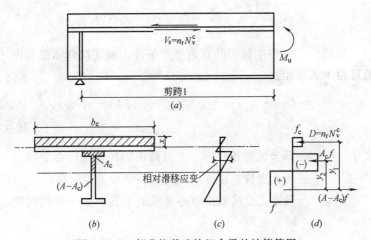

图 6.10-1　部分抗剪连接组合梁的计算简图
(a) 叠合面上的纵向剪力；(b) 截面；(c) 应变；(d) 截面应力

(2) 基本公式

公式的计算简图见图 6.10-1。再强调一下，叠合面上的纵向剪力是已知值，等于 $n_r N_v^c$，见图 6.10-1a；由于叠合缝相对滑移的结果，截面应变图上混凝土翼板与钢梁有各自的中和轴，见图 6.10-1c；至于梁的截面应力图，与完全抗剪连接组合梁的相似，只是混凝土翼板压力 D 的表达有所不同，此处 $D = n_r N_v^c$，见图 6.10-1d。

根据混凝土翼板脱离体的平衡条件，$\sum X = 0$，混凝土翼板

受压区高度 x 可由以下关系求出：

$$D = n_r N_v^c = b_e x f_c$$

即

$$x = \frac{n_r N_v^c}{b_e f_c} \tag{6.10-1}$$

再根据整个截面的平衡条件，$\sum X = 0$，钢梁受压区截面面积 A_c 可由下式确定：

$$A_c = \frac{Af - n_r N_v^c}{2f} = 0.5(Af - n_r N_v^c)/f \tag{6.10-2}$$

最后，根据整个截面的弯矩平衡条件，截面抗弯承载力设计值可由下式求出：

$$M_u = D y_1 + A_c f y_2 = n_r N_v^c y_1 + 0.5(Af - n_r N_v^c) y_2$$

$$\tag{6.10-3}$$

式中 n_r——部分抗剪连接时一个剪跨内的抗剪连接件个数；

N_v^c——一个抗剪连接件的纵向抗剪承载力设计值；

y_1——钢梁受拉区截面形心至混凝土翼板受压区截面形心间的距离；

y_2——钢梁受拉区截面形心至钢梁受压区截面形心间的距离。

三、部分抗剪连接组合梁挠度的近似计算

（1）概述

部分抗剪连接组合梁的挠度计算理论早在 4-7 节"组合梁考虑叠合缝相对滑移的弹性分析（位移部分）"中已经解决，已经有了有普遍意义的挠度计算公式，不论抗剪连接程度 r 或大或小，公式中只是相应的特征参数 λ 及跨度 l 大小不同而已。

从某种程度上讲，这些理论公式的现实意义还不仅限于它们在工程计算上的直接应用，因为它们比较繁琐，运算不便捷，它

们的更现实的意义还在于能为今后建立简便的近似公式提供参照依据,在此便是一例。

(2) 基本计算公式

令 n_r 为一个剪跨内实配的部分抗剪连接件个数, n_f 为同一剪跨内完全抗剪连接件个数;它们之间的比值称为抗剪连接程度,记作 r, $r=n_r/n_f$,当 $r=0$ 时,为钢梁;当 $r=1$ 时,为完全抗剪连接组合梁。

很显然,在同一荷载作用下,完全抗剪连接组合梁的挠度 Δ_f 最小,单一钢梁的挠度 Δ_s 最大,部分抗剪连接组合梁的挠度 Δ_r 则居于 Δ_f 与 Δ_s 之间而比 Δ_f 大。其中:Δ_s 是很容易算得的,Δ_f 在学习了第八章之后也很容易计算,当组合梁截面一定时,Δ_s 及 Δ_f 都是定值;只有 Δ_r 则是 r 的函数,这一系列的 Δ_r 值需要用理论的挠度计算公式确定,现在如果以抗剪连接程度 r 为横坐标,以相对挠度差额 $(\Delta_r-\Delta_f)/(\Delta_s-\Delta_f)$ 为纵坐标,则它们之间的函数关系示意图将如图 6.10-2 中的曲线 "a" 所示。为了进一步简化计算,现将 $0.5\leqslant r \leqslant 1$ 区间内的函数曲线改成线性的,并且用图 6.10-2 中的直线 "b" 表示;该直线在横坐标轴上的截距为 1;经与在该段函数曲线的拟合对比,直线 "b" 的延长线在纵坐标轴上的截距为 0.5。则直线 "b" 可表达为

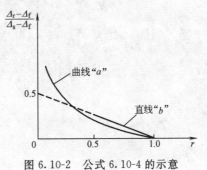

图 6.10-2 公式 6.10-4 的示意

$$\frac{\Delta_r-\Delta_f}{\Delta_s-\Delta_f}=0.5(1-r)$$

移项后,便得部分抗剪连接组合梁的挠度计算公式如下:

$$\Delta_r=\Delta_f+0.5(\Delta_s-\Delta_f)(1-r) \qquad (6.10\text{-}4)$$

式中 Δ_f——完全抗剪连接组合梁的挠度计算值,为已知值;
Δ_s——钢梁的挠度计算值,亦为已知值;
r——抗剪连接程度,$r=n_r/n_f$,其中 n_r 为剪跨内实配的连接件个数,n_f 为完全抗剪连接时剪跨内的连接件个数。

变量 r 的定义域为 0.5~1.0,亦即 $0.5 \leqslant r \leqslant 1.0$;如果遇到 $r<0.5$ 的情况,按钢梁计算挠度。

第七章 混凝土翼板与板托的界面受剪设计

7-1 概 论

混凝土 T 形截面梁的翼板或是组合梁的混凝土翼板除了其横截面受压之外，其纵向竖向截面还要受剪。现以单跨简支 T 形截面梁的半跨作为一个剪跨为例作一些说明，见图 7.1-1。在剪跨的一端为跨中截面，翼板截面受压；而在剪跨的另一端为支座截面，翼板为自由端，横截面上压力为零，见图 a，图中还用阴影来表示出纵向竖截面并简称为界面。如果进一步把挑出的翼板沿界面切开作脱离体分析，由平衡条件，在纵向竖截面上必然

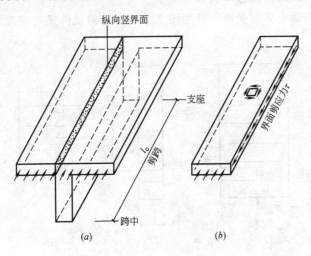

图 7.1-1 混凝土翼板的界面受剪

(a) 全貌；(b) 界面受剪

要产生纵向剪应力,见图 b。这种沿着一个既定平面的受剪称为"界面受剪"。

由于界面剪应力的存在,加上剪应力成对的基本法则,在翼板平面内存在着主拉及主压应力轨迹,再加上其他一些偶然因素,在翼板平面内有出现主拉斜裂缝的可能,所以在设计上一定要配置与纵向竖界面相垂直的横向钢筋。同理,组合梁板托也存在界面受剪问题,也需要配置专门的横向钢筋。

关于混凝土界面受剪的考虑,我国规范尚未见有正式的规定,国内关注它的人也不是太多,但这并不等于否认有界面受剪的事实存在,何况除了翼板及板托的界面受剪之外,工程上尚有诸多场合有界面受剪问题有待解决,很需要借鉴国外对这个专题的一些研究成果及有关规定。

7-2 混凝土界面受剪的破坏机理及其强度

一、试件及破坏机理

混凝土界面受剪可以用图 7.2-1 所示的试件进行试验,图 a

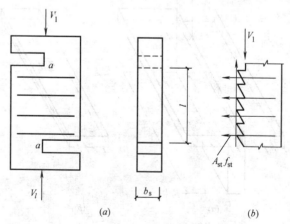

图 7.2-1 混凝土界面受剪试件
(a) 试件;(b) 界面破坏面

中 V_l 为界面剪力，其极限值为 V_{ul}；a-a 为受剪界面，l 为界面长度，b_s 为界面宽度；试件中横向钢筋总的截面面积为 A_{st}，其配筋率用 $\rho_v = \dfrac{A_{st}}{b_s l}$ 表示。

试验表明，破坏后的界面不是平坦的，见图 b，而是沿其主拉应力、主压应力方向大致呈锯齿形，并且当相对错动时破坏面左右两半有相对分离趋势，使得横向钢筋可以被动受力而为受剪界面提供一个夹紧力的约束作用，这可以很有效地提高界面抗剪承载力；如果对试件直接施加一个横向夹紧力 F，也可以起到同样效果，如果直接施加一个横向分离力，则效果相反。试验表明，横向钢筋受拉屈服是试件的极限状态，此时在试件的界面上有占很大成分的摩擦力存在，横向钢筋在界面两侧应有足够的锚固。

有些混凝土构件，在界面受剪之前没有裂缝；但也有些构件，由于混凝土施工接槎、温度作用、混凝土收缩等原因，在界面受剪之前就已经有了一些与剪力作用无关的裂缝，所制备的混凝土试件亦应有带原始裂缝的与不带原始裂缝的之分，尽管以后采用了同一的计算模式，但实际上两种情况下剪力沿界面传递的机理及强度是不同的。

当一个纵向剪力 V 沿无原始裂缝混凝土的界面传递时，见图 7.2-2，产生主拉应力，随后形成一系列与界面成 45°角或略小一些的短裂缝，这时裂缝间混凝土与配置的横向钢筋构成一个桁架力多边形的平衡简图，见图 7.2-2 的左下方。图中裂缝间混凝土短柱充作桁架斜压腹杆，它处于受压剪的复杂应力状态，它所受的压力 D 是由剪应力 $\sum\tau$ 及压应力 $\sum\sigma$ 合成；而斜裂缝开展后的横向钢筋则产生拉力而形成拉杆夹紧力 N。当横向钢筋屈服之后，斜裂缝间的混凝土短柱（斜腹杆）发生转动，裂缝大致沿界面平行方向发展，粗略地看，可以认为裂缝沿界面存在。试验表明，对于无原始裂缝混凝土的界面受剪，横向钢筋的"销作用"很小，可以忽略不计，它以受拉为主。

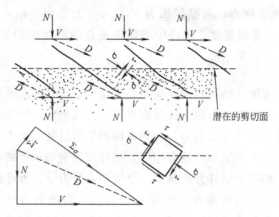

图 7.2-2 无原始裂缝混凝土的界面受剪机理

试验表明,有原始裂缝混凝土的界面受剪与无原始裂缝混凝土的界面受剪相比,抗剪承载力小而且相对滑移量大。对于 C20 级左右的混凝土,当 $\rho_v f_y = 1.4 \sim 7.0 \text{N/mm}^2$ 时,界面抗剪强度几乎要低一个常量 1.75N/mm^2,当 $\rho_v f_y < 1.4 \text{N/mm}^2$ 时,两者差别还要扩大。

二、混凝土界面抗剪强度公式

定义 V_{ul} 为混凝土界面的极限抗剪承载力;A 为界面面积,$A = b_s l$;则界面抗剪强度 $f_{vl} = V_{ul}/A$。以 C20 混凝土为例的界面受剪试验结果见图 7.2-3。图中以 f_{vl}/f_c 为纵坐标,横坐标则为变量 $\rho_v f_{st}/f_c$。对此,有两个不同的强度表达公式。

(a) 美国混凝土协会 ACI 的"摩擦剪"表达式

协会认为,在正常横向配筋率的前提下,在界面受剪承载力极限状态时,横向钢筋首先屈服,界面受剪的极限承载力 V_{ul} 等于界面上的摩擦力,等于界面所受的夹紧力 $A_{st} f_y$ 与摩擦系数 μ 的乘积,因而有

$$V_{ul} = \mu A_{st} f_y \qquad (a)$$

式中 V_{ul} ——界面受剪极限承载力;

A_{st} ——界面上横向钢筋的截面面积;

f_y——横向钢筋屈服强度；

μ——摩擦系数，取等于 1.4。

如果将 (a) 式两侧各除以界面面积，进一步便得

$$f_{vl}=\mu\rho_v f_y \quad (b)$$

式中　f_{vl}——混凝土界面抗剪强度，$f_{vl}=V_{ul}/A$；

　　　ρ_v——横向钢筋配筋率，$\rho_v=A_{st}/A$。

其余符号同（a）式。

公式（b）适用于正常横向钢筋配筋率情况。如果横向钢筋配筋率较高，混凝土的齿合界面机构将首先破坏而横向钢筋应力达不到屈服点，因此 ACI 还补充制定了一个防止后一种破坏的上限限制条件，要求 $V_{ul}/A \leqslant 0.2 f_c'$，其中 f_c' 为混凝土圆柱体试件的抗压强度，因而更完整的强度表达式如下：

$$f_{vl}=\mu\rho_v f_y \leqslant 0.2 f_c' \quad (7.2\text{-}1)$$

公式（7.2-1）的图示呈双折线形，现以 C20 混凝土为例绘于图 7.2-3。折线的上升段表示 f_{vl} 与 $\rho_v f_y$ 成正比，上升段的斜率就是摩擦系数 μ；折线的水平段为其上限。

公式（7.2-1）已列入美国混凝土结构设计规范，它计算简单，但所采用的等于 1.4 的摩擦系数 μ 是一个名义的摩擦系数，公式的上限定得也比较低，整个公式即使是对于有原始裂缝混凝土的界面受剪也是很安全的。

（b）A. H. Mattock 建议公式

为了进一步完善混凝土界面受剪的分析，A. H. Mattock 在综合大量试验资料的基础上，提出了以下的经验公式

$$f_{vl}=2.76+0.8\left(\rho_v f_y+\frac{F}{A}\right)\leqslant 0.3 f_c' \quad (7.2\text{-}2)$$

式中　f_{vl}——混凝土界面抗剪强度，以 N/mm² 计；

　　　2.76——常量，以 N/mm² 计；

　　　F——外加的垂直于界面的法向力，当 F 为夹紧力时，

取正值;当 F 为分离拉力时,取负值。

其余符号的定义见公式 (7.2-1)。

以 C20 混凝土为例,列于图 7.2-3 中的公式 (7.2-2) 的图示也是双折线,它位于公式 (7.2-1) 的上方,它与无原始裂缝混凝土的界面受剪试验吻合很好,但高于有原始裂缝混凝土的试验结果。因此,该公式适用于无原始裂缝混凝土的界面受剪,如用于有原始裂缝混凝土,是不妥的,是不安全的。

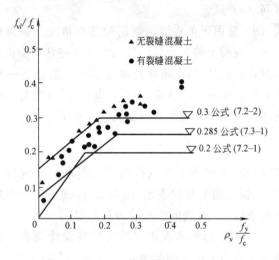

图 7.2-3　混凝土界面受剪试验资料及与计算公式的对比

7-3　混凝土界面抗剪强度及界面抗剪承载力的设计表达式

一、混凝土界面抗剪强度的设计表达式

关于混凝土界面抗剪设计,我国尚无正式规定。在国外,尤其是是欧洲资料,一般均以公式 (7.2-2) 为参照依据,但要考虑混凝土构件内有原始裂缝存在的可能。与公式 (7.2-2) 类似而且更广义一些,混凝土界面抗剪强度的设计表达式如下:

$$f_{vl}=\alpha+0.8\left(\rho_v f_{st}+\frac{F}{A}\right)\leqslant\beta f_c \tag{7.3-1}$$

式中 f_{vl}——混凝土界面抗剪强度设计值,以 N/mm² 计;

  α——常量,以 N/mm² 计,对于普通混凝土,$\alpha=0.9$N/mm²;对于轻混凝土,$\alpha=0.7$N/mm²;如果混凝土强度等级低于 C20,普通混凝土的 α 用 $0.075f_c$ 代替,轻混凝土的 α 用 $0.06f_c$ 代替;

  f_{st}——横向钢筋的抗拉强度设计值,以 N/mm² 计;

  f_c——混凝土抗压强度设计值,以 N/mm² 计;

  F——外加的垂直于界面的法向力,当 F 为夹紧压力时,F 按最小取值并取正值;当 F 为分离拉力时,F 按最大取值并取负值;

  ρ_v——横向钢筋配筋率,$\rho_v=A_{st}/A$;A_{st} 为横向钢筋截面面积,A 为受剪界面面积;

  β——系数,对于普通混凝土,$\beta=0.285$;对于轻混凝土,$\beta=0.225$。

公式 (7.3-1) 在图 7.2-3 中的表示位于公式 (7.2-2) 与公式 (7.2-1) 之间。已如前述,公式 (7.2-2) 是专门针对无原始裂缝混凝土的;而公式 (7.3-1) 及公式 (7.2-1) 则兼容有原始裂缝混凝土,不过公式 (7.3-1) 在公式 (7.2-1) 之上而更贴近试验结果的下限。公式 (7.3-1) 与公式 (7.2-2) 相比,它们的折线上升段斜率都是 0.8,但在纵坐标轴上的截距则大不相同,公式 (7.2-2) 对应于 $\alpha=2.76$N/mm²,而公式 (7.3-1) 对应于 $\alpha=0.9$N/mm²,相差 1.86N/mm²。前面已经谈过,在正常横向配筋率情况下,有原始裂缝混凝土的界面抗剪强度低一个常量 1.75N/mm²;在低配筋率时,差额还要扩大一点。公式 (7.3-1) 中的 α 值比公式 (7.2-2) 中的 2.76N/mm² 低 1.86N/mm² 就是为了照顾有原始裂缝的混凝土构件。

二、混凝土界面抗剪承载力的设计表达式

混凝土界面抗剪强度与混凝土的抗拉、抗压强度在内涵上不

一样，混凝土的拉、压强度可以和混凝土强度等级有一一对应的强度取值；混凝土界面抗剪强度只是在试验研究中的一个术语，正确的称谓应该是钢筋混凝土的界面抗剪强度，它与其中横向钢筋配筋率 ρ_v 及钢筋强度 f_{st} 有关，所以它只能给出一个与 $\rho_v f_{st}$ 有关的设计表达式。在极限状态设计中，它直接进入极限状态设计表达式很累赘，倒不如恢复到原来的承载力公式的形式更清楚。

按照一般设计习惯，界面抗剪承载力宜用单位长度上的抗剪承载力表示，记作 $V_{ul,1}$，其值等于 $f_{vl} \times b_s$，有

$$V_{ul,1} = f_{vl} \times b_s = \alpha b_s + 0.8\left(\frac{A_{st}}{l}f_{st} + \frac{F}{l}\right) \leqslant b_s \beta f_c$$

$$= \alpha b_s + 0.8(A_{st,1}f_{st} + F/l) \leqslant b_s \beta f_c \quad (7.3\text{-}2)$$

考虑到遇有法向力 F 的机会不多，如暂时不计，便得

$$V_{ue,1} = \alpha b_s + 0.8 A_{st,1} f_{st} \leqslant b_s \beta f_c \quad (7.3\text{-}3)$$

式中　$V_{ul,1}$——单位长度界面上的抗剪承载力设计值，以 N/mm 计；

　　　　b_s——界面计算宽度，以 mm 计；

　　　　$A_{st,1}$——单位长度界面上的横向钢筋截面面积，等于 A_{st}/l，以 mm 计。

其余符号的定义见公式 (7.3-1)。

7-4　混凝土翼板及板托的横向钢筋设计

(1) 基本计算公式

总的设计要求是

$$V_{l,1} \leqslant b_s \beta f_c \quad (7.4\text{-}1)$$

及

$$V_{l,1} \leqslant V_{ul,1} = \alpha b_s + 0.8 A_{st,1} f_{st} \quad (7.4\text{-}2)$$

式中 $V_{l,1}$——单位长度界面上的纵向剪力设计值;

$V_{ul,1}$——单位长度界面上的抗剪承载力设计值。

对于纵向剪力上限验算公式（7.4-1），如不能满足不等式要求，只有用提高混凝土强度等级的措施来解决。对于公式（7.4-2），如果其中 $A_{st,1}$ 已经给定，设计计算属于抗剪承载力验算；如果 $A_{st,1}$ 待定，设计计算属于界面的横向钢筋设计。不管怎样，当前首要任务都是先要把 $V_{l,1}$ 确定下来。

（2）单位界面长度上的纵向剪力设计值 $V_{l,1}$ 的确定

$V_{l,1}$ 的取值与所考虑的界面的有关，包括包络连接件的纵向界面（图 7.4-1 中的 $b\text{-}b$ 界面）和混凝土翼板纵向竖界面（图 7.4-1 中的 $a\text{-}a$ 界面）。与抗剪连接件的计算方法配套，还可以分为弹性分析方法计算与塑性分析方法计算两种。

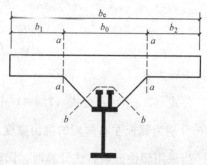

图 7-4-1 组合梁的纵向受剪界面
$a\text{-}a$ 为竖界面；$b\text{-}b$ 为包络界面

对于包络连接件的纵向界面：

当采用弹性分析方法计算时，参考 6-6 节中的公式（6.6-1），有

$$V_{l,1}=\frac{VS}{I_{eq}} \quad (7.4\text{-}3)$$

当采用塑性方法分析计算时，参考 6-7 节，有

$$V_{l,1}=\frac{V_s}{l_s} \quad (7.4\text{-}4)$$

式中 l_s——剪跨，等于最大弯矩截面至零弯矩截面之间的距离；

V_s——剪跨长度上总的纵向剪力，由公式（6.7-1）、公式（6.7-2）或公式（6.7-3）确定。

对于混凝土翼板的纵向竖界面：

当采用弹性分析方法计算时，同理，

$$V_{l,1}=\frac{VS}{I_{eq}}\times\frac{b_1}{b_e} \qquad (7.4\text{-}5a)$$

及

$$V_{l,1}=\frac{VS}{I_{eq}}\times\frac{b_2}{b_e} \qquad (7.4\text{-}5b)$$

取其中较大者。

公式（7.4-3）及公式（7.4-4）中的 b_e 为翼板计算宽度；b_1 及 b_2 分别为翼板左右两侧的挑出宽度，见图 7.4-1。

当采用塑性分析方法计算时，同理，

$$V_{l,1}=\frac{V_s}{l_s}\times\frac{b_1}{b_e} \qquad (7.4\text{-}6a)$$

及

$$V_{l,1}=\frac{V_s}{l_s}\times\frac{b_2}{b_e} \qquad (7.4\text{-}6b)$$

取其中较大者。

作为另一种方法，如果抗剪连接件基本上是满应力工作的，可以更方便一些，$V_{l,1}$ 直接由连接件的剪力作用确定，见图 7.4-2。

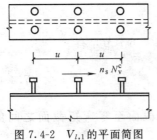

图 7.4-2 $V_{l,1}$ 的平面简图

对于包络连接件的纵向界面：

$$V_{l,1}=\frac{n_s N_v^c}{u} \qquad (7.4\text{-}7)$$

式中 n_s——钢梁上连接件列数；

N_v^c——一个连接件的抗剪承

载力设计值；

u——连接件的纵向间距。

对于混凝土翼板纵向竖界面：

$$V_{l,1} = \frac{n_s N_v^c}{u} \times \frac{b_1}{b_e} \qquad (7.4\text{-}8)$$

及

$$V_{l,1} = \frac{n_s N_v^c}{u} \times \frac{b_2}{b_e} \qquad (7.4\text{-}9)$$

取其中较大者。

(3) 单位长度界面上横向钢筋截面面积 $A_{st,1}$ 的界定

在计算公式（7.4-2）中，尚有一个单位长度界面上横向钢筋截面面积 $A_{st,1}$ 有待界定。总的来讲，参与界面抗剪工作的横向钢筋有跨越钢梁的板内上部钢筋及底部钢筋以及板托专门配置的横向钢筋，但具体问题要具体分析，见图 7.4-3。

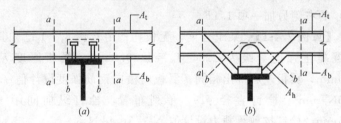

图 7.4-3 界面受剪时的横向钢筋
(a) 无板托时；(b) 有板托时

对于混凝土翼板的纵向竖界面：

$$A_{st,1} = A_b + A_t \qquad (7.4\text{-}10)$$

式中 A_b——单位梁长翼板内底部钢筋截面面积；

A_t——同上，但为上部钢筋截面面积。

对于无板托的连接件包络界面：

$$A_{st,1} = 2A_b \qquad (7.4-11)$$

对于有板托的连接件包络界面：

当连接件抗掀起端的底面（如栓钉端头底面、方钢锚环内径最高点以及槽钢上翼缘底面）高出混凝土翼板底部钢筋的距离 $e < 30\text{mm}$ 时，

$$A_{st,1} = 2A_h \qquad (7.4-12a)$$

当 $e \geqslant 30\text{mm}$ 时，

$$A_{st,1} = 2(A_b + A_h) \qquad (7.4-12b)$$

式中 A_h——单位梁长板托一侧的横向钢筋截面面积。

最后，还应该指出，任何情况下的横向钢筋用量不能太少，尚应符合以下限制条件：

$$A_{st,1} f_{st} \geqslant 0.75 b_s \qquad (7.4-13)$$

式中的计量单位为 N 及 mm。如果有夹紧力 F 作用，公式（7.4-13）的右侧另加一项 $1.1F$。

【算例 7.4-1】 某组合梁，无板托；由算例 6.7-1 已知其翼板混凝土强度等级为 C25，$f_c = 11.9\text{N/mm}^2$；翼板厚度 $h_c = 100\text{mm}$，翼板左右挑出相同；翼板内横向钢筋强度设计值 $f_{st} = 300\text{N/mm}^2$；栓钉直径 $\phi 19$，单列布置，栓钉纵向间距 $u = 225\text{mm}$，栓钉抗剪承载力设计值 $N_v^c = 70.5\text{kN}$。

求翼板内所需的横向钢筋截面面积 $(A_b + A_t)$。

解：

由公式（7.4-8）或公式（7.4-9），考虑了 $\dfrac{b_1}{b_e} = \dfrac{b_2}{b_e} = \dfrac{1}{2}$，得

$$V_{l,1} = \frac{n_s N_v^c}{u} \times \frac{b_1}{b_e} = \frac{n_s N_v^c}{u} \times \frac{b_2}{b_e} = \frac{1 \times 70500}{225} \times \frac{1}{2} = 157\text{N/mm}$$

代入公式（7.4-1）验算，并取 $b_s = h_c = 100\text{mm}$，有

$$V_{l,1} = 157 < b_s \beta f_c = 100 \times 0.285 \times 11.9 = 339\text{N/mm}，合乎要求。$$

代入公式（7.4-2），有

$V_{l,1}=157=V_{ul,1}=\alpha b_s+0.8A_{st,1}f_{st}=0.9\times100+0.8A_{st,1}\times300$

解得 $A_{st,1}=0.3mm^2/mm=300mm^2/m$。

因为 $A_{st,1}f_{st}=0.3\times300=90>0.75b_s=0.75\times100=75N/mm$，横向钢筋用量符合公式（7.4-13）的要求。

算得的界面受剪所需的横向钢筋截面面积 $A_{st,1}$ 不大，只相当于每米 5⌀8，一般楼盖中的实有配筋基本上都能满足。

7-5 板托的构造

板托的构造要求可参见图 7.5-1。归纳起来有以下三点：

（1）为了保证板托中的连接件基本上能像在标准推出试件中一样地工作，板托的外形尺寸应注意两点。第一，板托边缘距连接件外侧的距离不应小于 40mm；第二，板托外形轮廓应自连接件根部算起的 45°仰角线之外。

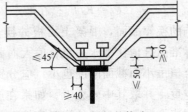

图 7.5-1 板托的构造

（2）因为在板托中邻近钢梁上翼缘的部分混凝土受连接件的局部承压作用，该处容易劈裂，需要配筋加强，板托中横向钢筋的下部水平段应该设置在距钢梁上翼缘 50mm 的范围以内。

（3）为了保证连接件可靠地工作和有充分的抗掀起能力，连接件抗掀起端底面高出横向钢筋下部水平段的距离 e 不应小于 30mm。横向钢筋的间距不应大于 $4e$ 且不应大于 400mm。

在以上三项要求中，后两项同样可作为混凝土翼板中横向钢筋的构造要求。

第八章 组合梁的挠度及裂缝宽度验算

8-1 一般规定

梁的挠度及裂缝宽度验算属于结构正常使用极限状态设计,其中裂缝宽度验算仅限于连续组合梁的负弯矩区。

在挠度验算时,考虑荷载效应的标准组合或准永久组合。在标准组合下,组合梁用弹性换算截面,混凝土翼板的换算宽度 $b_{eq}=b_e/\alpha_E$,$\alpha_E=E/E_c$;在准永久组合下,用考虑混凝土徐变影响的换算截面,混凝土翼板的换算宽度 $b_{eq}=b_e/(2\alpha_E)$。荷载的标准组合值比准永久组合值大而截面刚度也大,荷载的准永久组合值虽小而截面刚度也小,应分别按两种荷载效应组合计算梁的挠度,并取其中较大者。如果在施工阶段钢梁下未设临时支撑,则组合梁自重引起的挠度应按钢梁计算。如果在制作时预先"起拱",起拱值可以在算得的挠度中扣除。

至于裂缝宽度计算,因《混凝土结构设计规范》GB 50010—2002 在建立其裂缝宽度计算公式时已将长期效应影响考虑在内,故在验算时只要取荷载效应的标准组合即可。

总的验算表达式如下:

对挠度验算,要求

$$\Delta \leqslant [\Delta] \tag{8.1-1}$$

对裂缝宽度验算,要求

$$w_{max} \leqslant [w] \tag{8.1-2}$$

式中 Δ——荷载效应标准组合或准永久组合下梁的挠度计

算值;

[Δ]——挠度允许值,《钢结构设计规范》GB 50017—2003 或《混凝土结构设计规范》GB 50010—2001 均有专门规定;

w_{max}——荷载效应标准组合下混凝土翼板的最大裂缝宽度;

[w]——最大裂缝宽度允许值,《混凝土结构设计规范》GB 50010—2001 有专门规定。

8-2 组合梁的截面刚度

一、概述

组合梁考虑叠合缝相对滑移后的挠度计算已经有了现成的计算公式,如公式(4.7-4)等。这些公式除了偶而作为参考的准绳之外,工程技术人员并不乐于应用,以单跨简支梁为例,大家宁愿用常见的材料力学公式,如

$$y_{max} = \alpha \frac{Ml^2}{B} \quad (8.2\text{-}1)$$

式中 y_{max}——跨中最大挠度;

M——跨中最大弯矩;

l——梁的跨度;

B——梁的截面刚度;

α——系数,与荷载简图有关,对满跨均布荷载作用, $\alpha=5/48$;对跨度中点集中力作用时, $\alpha=1/12$。

至于梁的截面刚度 B,如果是弹性整体单质的梁, $B=EI$;如果是叠合缝无相对滑移的组合梁, $B=EI_{eq}$,其中 E 为钢材弹性模量, I_{eq} 为换算截面惯性矩。这些都是简化条件下的理想表达式,事实上由于叠合缝内相对滑移的存在,以及其他一些尚未考虑在内的因素,组合梁的实际截面刚度要比 EI_{eq} 小,应该对 EI_{eq} 乘以一个小于 1 的刚度折减系数加以修正。

由此可见,组合梁挠度计算的核心问题是它的截面刚度,而

截面刚度的关键是对刚度的折减系数。

二、组合梁的折减刚度

组合梁截面刚度的基准表达式应该是 EI_{eq}。《钢结构设计规范》GB 50017—2003 在论文"考虑滑移效应的钢-混凝土组合梁变形计算的折减刚度法"《土木工程学报》1995，No5 [25] 的背景基础上，规定了应采用考虑叠合面滑移的折减刚度，记作 B，并按下式确定：

$$B = \frac{1}{1+\zeta} EI_{eq} \qquad (8.2\text{-}2)$$

式中 ζ 定义为刚度折减系数，按以下公式系列计算：

$$\zeta = \eta \left[0.4 - \frac{3}{(jl)^2} \right] \qquad (8.2\text{-}3)$$

$$\eta = \frac{36 E d_c p A_0}{n_s k h l^2} \qquad (8.2\text{-}4)$$

$$j = 0.81 \sqrt{\frac{n_s k A_1}{E I_0 p}} \qquad (8.2\text{-}5)$$

$$A_0 = \frac{A_{cf} A}{\alpha_E A + A_{cf}} \qquad (8.2\text{-}6)$$

$$A_1 = \frac{I_0 + A_0 d_c^2}{A_0} \qquad (8.2\text{-}7)$$

$$I_0 = I + \frac{I_{cf}}{\alpha_E} \qquad (8.2\text{-}8)$$

式中　A_{cf}——混凝土翼板截面面积；

　　　A——钢梁截面面积；

　　　I——钢梁截面惯性矩；

　　　I_{cf}——混凝土翼板截面惯性矩；

　　　d_c——钢梁截面形心到混凝土翼板截面形心的距离；

　　　h——组合梁截面高度；

l——组合梁跨度（mm）；

k——抗剪连接件刚度系数，$k=N_v^c$（N/mm）；

p——抗剪连接件的纵向平均间距（mm）；

n_s——抗剪连接件在一根梁上列数；

α_E——钢材与混凝土弹性模量的比值。

对于压型钢板混凝土组合板翼板，其翼板截面面积、截面惯性矩以及其形心位置均按不计凸肋后的截面考虑，且不考虑压型钢板。如果按荷载效应的准永久组合进行计算，公式（8.2-6）及（8.2-8）中的 α_E 应乘以 2。

【算例 8.2-1】 已知某组合梁的跨度 $l=7$m；混凝土翼板厚度 $h_c=80$mm，翼板计算宽度 $b_e=1080$mm，混凝土强度等级 C25，弹性模量 $E_c=28\times 10^3$ N/mm^2；钢部件为 I25b，截面面积 $A=5350$mm^2，截面惯性矩 $I=52.8\times 10^6$ mm^4，弹性模量 $E=210\times 10^3$ N/mm^2；栓钉连接件直径 $\phi 16$，抗剪承载力设计值 $N_v^c=53.4$kN，栓钉间距 $p=175$mm，一列布置 $n_s=1$。

求组合梁截面刚度的折减因子 $\dfrac{1}{1+\zeta}$。

解：

由已知条件，算得

$A_{cf}=b_e\times h_c=1.08\times 0.08=0.0864$m^2

$A=5350$mm$^2=5.35\times 10^{-3}$m^2

$I=52.8\times 10^6$mm$^4=52.8\times 10^{-6}$m^4

$I_{cf}=\dfrac{1}{12}b_e h_c^3=\dfrac{1}{12}\times 1.08\times 0.08^3=4.608\times 10^{-5}$m^4

$d_c=(0.25+0.08)/2=0.165$m

$h=0.25+0.08=0.33$m

$k=53.4$kN/mm$=53400$kN/m

$p=0.175$m

$n_s=1$

$\alpha_E=E/E_c=210/28=7.5$

$l = 7\text{m}$

代入公式（8.2-8）逆向至公式（8.2-3），有

$$I_0 = I + \frac{I_{cf}}{\alpha_E} = 52.8 \times 10^{-6} + \frac{4.608 \times 10^{-5}}{7.5} = 5.894 \times 10^{-5} \text{m}^4$$

$$A_0 = \frac{A_{cf}A}{\alpha_E A + A_{cf}} = \frac{0.0864 \times 5.35 \times 10^{-3}}{7.5 \times 5.35 \times 10^{-3} + 0.0864} = 3.653 \times 10^{-3} \text{m}^2$$

$$A_1 = \frac{I_0 + A_0 d_c^2}{A_0} = \frac{5.894 \times 10^{-5} + 3.653 \times 10^{-3} \times 0.165^2}{3.653 \times 10^{-3}} = 0.0434 \text{m}^2$$

$$j = 0.81\sqrt{\frac{n_s k A_1}{EI_0 p}} = 0.81\sqrt{\frac{1 \times 53400 \times 0.0434}{210 \times 10^6 \times 5.894 \times 10^{-5} \times 0.175}} = 0.838 \text{m}^{-1}$$

$$\eta = \frac{36 E d_c p A_0}{n_s k h l^2} = \frac{36 \times 210 \times 10^6 \times 0.165 \times 0.175 \times 3.653 \times 10^{-3}}{1 \times 53400 \times 0.33 \times 7^2} = 0.924$$

$$\zeta = \eta\left[0.4 - \frac{3}{(jl)^2}\right] = 0.924\left[0.4 - \frac{3}{(0.838 \times 7)^2}\right] = 0.289$$

最后，得公式（8.2-2）中的截面刚度折减因子

$$\frac{1}{1+\zeta} = \frac{1}{1+0.289} = 0.776$$

8-3 关于组合梁截面刚度折减系数的分析与建议

一、折减系数的实质

令 Δ_0 为组合梁不考虑叠合缝相对滑移影响而仅按梁的弯曲变形，用截面刚度 EI_{eq} 算得的挠度值；Δ_{tot} 为组合梁考虑叠合缝相对滑移以及其他一些因素影响算得的总挠度值；$\delta\Delta$ 为组合梁由于叠合缝相对滑移等因素影响而形成的相对于 Δ_0 的附加挠度值，$\delta\Delta = \Delta_{tot} - \Delta_0$。为了弥补由于计算 Δ_0 过程中过于简化而带来的误差，需要对组合梁基准截面刚度 EI_{eq} 乘以一个折减系数 ξ 加以修正，ξ 可以通过组合梁在简繁两种情况下算得的挠度值的

对比统计确定，有

$$\xi = \frac{\Delta_0}{\Delta_{tot}} \quad (a)$$

如果再令 $\zeta = \frac{\delta\Delta}{\Delta_0}$，折减系数 ξ 还可以化成折减因子 $\frac{1}{1+\zeta}$ 的形式，如

$$\xi = \frac{\Delta_0}{\Delta_{tot}} = \frac{\Delta_0}{\Delta_0 + \delta\Delta} = \frac{1}{1+\zeta} \quad (b)$$

在以后的分析中，将优先采用折减系数的形式，因为它分析运作便捷，而且直观。

二、组合梁截面刚度折减系数 ξ 的分析

造成组合梁 Δ_{tot} 大于 Δ_0 的原因很多，叠合缝相对滑移的存在是一项主要原因，它在误差中所占的份额约为7成；还有一些其他原因，忽略了它们而带来的误差份额也有3成左右。初步认为，组合梁截面刚度折减系数应考虑以下几个因素的影响：

（1）组合梁混凝土翼板的实际工作宽度是沿梁长变化的，它的翼板计算宽度 b_e 只是指其跨中截面的翼板工作宽度，由于剪变滞后的原因，翼板的实际工作宽度自跨中向支座逐渐变小，直到支座处宽度等于连接件的外轮廓宽。由于在计算 Δ_0 的过程中，认为各个截面的翼板宽度均为 b_e，各个截面的截面刚度均为 EI_{eq}，算得的 Δ_0 值偏小。为了消除该项简化带来的误差，应该针对其基准的截面刚度 EI_{eq} 乘以一项折减系数，记作 ξ_b，实例对比计算表明，

$$\xi_b \approx 0.96 \quad (c)$$

（2）除了梁的弯曲变形之外，梁的剪切变形也要使梁产生挠度，只是所占的比重较小而已。在组合梁中，混凝土翼板的截面刚度 $E_c I_c$ 比钢梁的 $E_s I_s$ 小很多，以算例 4.6-1 为例，$E_c I_c : E_s I_s \approx 1:6$，因而可以近似认为荷载剪力全部由钢梁腹板承受，随之它的剪切变形也给组合梁带来了一个小小的附加挠度。为了弥补在计算 Δ_0 的过程中忽略了这一成分带来的误差，亦应针对

其基准的截面刚度 EI_{eq} 乘以一个折减系数，记作 ξ_v，实例计算表明，

$$\xi_v \approx 0.97 \qquad (d)$$

（3）计算组合梁挠度时叠合缝相对滑移的影响必须考虑在内，好在力学上已有了专门的公式，如公式（4.7-4）等。如此算得的挠度值 Δ_{slip} 与梁的组合特征 λ 及梁的跨度 l 有关。Δ_{slip} 肯定比 Δ_0 大，为了纠正简化计算带来的偏差，同样需要对基准的截面刚度 EI_{eq} 乘一个折减系数 ξ_{slip}，$\xi_{slip} = \dfrac{\Delta_0}{\Delta_{slip}}$。为了探索 ξ_{slip} 与 λ 及 l 的关系，特选取了若干个有代表性的组合梁，梁的跨度 $l = 5.5 \sim 9\mathrm{m}$；混凝土翼板厚度 $h_c = 80 \sim 100\mathrm{mm}$，翼板计算宽度 $b_e = 1080 \sim 1330\mathrm{mm}$，钢梁为 I25b、I28b 及 I30b，栓钉直径为 $\phi 16$、$\phi 18$ 及 $\phi 19$，栓钉间距 $p = 165 \sim 237\mathrm{mm}$，它们的组合特征 $\lambda = 0.931 \sim 1.073\mathrm{m}^{-1}$，算得的 $\xi_{slip} = 0.809 \sim 0.844$。令组合梁综合变量为 $\sqrt{l/\lambda}$，单位以 m 计，ξ_{slip} 对 $\sqrt{l/\lambda}$ 的线性回归表达式为

$$\xi_{slip} = 0.976 - 0.054\sqrt{l/\lambda} \qquad (e)$$

回归相关系数 $\gamma = 0.997$。

ξ_{slip} 是一个变化不大的值，样本的 $\sqrt{l/\lambda} = 2.46 \sim 3.11$，$\xi_{slip}$ 的平均值为 0.829。

（4）在考虑叠合缝相对滑移的挠度计算中，荷载简图不同折减系数 ξ_{slip} 亦将不同，公式（e）是简支梁在均布荷载作用时的结论，要是简支梁在跨中中点作用集中力，其折减系数比均布荷载时大约小 2 个百分点，因为它在建筑结构中不是经常遇到的情况，暂时不予以考虑。

三、关于刚度折减系数的具体建议

诚然，反映上述折减因素的折减系数 ξ_b、ξ_v 及 ξ_{slip} 确实是客观存在，在研究工作中，对挠度实测值与计算值对比时不妨把这些因素都考虑进去。要是在设计时也这么做，梁的截面刚度一再

折减，综合起来总的折减系数将是一个小的很可观的值（0.6～0.8）。事实上，根据既往经验，规范在制定挠度限值 $[\Delta]$ 的时候，已经默认了设计常规，认为第一、二项因素可以忽略不计，即取 $\xi_b=\xi_v=1$。而对于影响程度较大的叠合缝相对滑移因素，规范过去确实是未曾顾及，因此，这次规范决定要考虑滑移效应对基准的截面刚度 EI_{eq} 乘以因子 $1/(1+\zeta)$ 进行折减是十分必要的。鉴于规范提出的系列公式很多，体会不深，运算也不方便，拟在以上分析的基础上提出两个建议方案，供参考应用。

方案 1

在计算组合梁的挠度时，荷载短暂作用下的截面刚度可用下式确定：

$$B=\xi EI_{eq} \tag{8.3-1}$$

$$\xi=0.976-0.054\sqrt{l/\lambda} \tag{8.3-2}$$

式中 $\sqrt{l/\lambda}$——变量，单位以 m 计；

λ——组合梁的组合特征，$\lambda=\sqrt{K\delta}$，单位以 1/m 计；

K——叠合缝的抗剪刚度，$K=\dfrac{n_s k}{u}$，单位以 kN/m^2 计；

δ——组合梁部件的综合柔度系数，$\delta = \left(\dfrac{1}{E_c A_c}+\dfrac{1}{E_s A_s}+\dfrac{h_0^2}{\sum EI}\right)$，单位以 1/kN 计；

l——梁的跨度，单位以 m 计。

在荷载持续作用下，其截面刚度仍用公式 (8.3-1) 表达，但在计算柔度系数的公式中，E_c 用 $0.5E_c$ 替代。

注：当组合梁跨度中央 1/5 跨度范围内有局部荷载作用且超过总荷载的 50% 时，由公式 (8.3-2) 算得的 ξ 值应乘以系数 0.98 修正降低。

方案 2

在计算组合梁的挠度时，其截面刚度可用下式确定：

$$B=\xi EI_{eq} \tag{8.3-3}$$

式中 ξ——折减系数，荷载短暂作用时，$\xi=0.83$；荷载持续作用时，$\xi=0.85$。

注：当组合梁跨度中央 1/5 跨度范围内有局部荷载作用且超过总荷载的 50％时，公式 (8.3-3) 中的 ξ 值减小 0.02。

作者倾向于方案 2，因为它计算便捷，误差也不太大。

8-4 连续组合梁负弯矩区混凝土翼板的最大裂缝宽度计算

组合梁负弯矩区混凝土翼板受拉而且沿纵向竖界面受剪，因而出现横向裂缝及八字形裂缝，见图 8.4-1。关于这些裂缝的宽度计算，目前尚未见有系统的研究资料，而是偏于保守地把混凝土翼板当作轴心受拉构件考虑，参考《混凝土结构设计规范》GB 50010—2001，其最大裂缝宽度 $w_{\max}$（以 mm 计）可用以下公式计算：

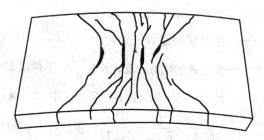

图 8.4-1 组合梁负弯矩混凝土翼板裂缝图

$$w_{\max}=2.7\psi\frac{\sigma_{sk}}{E_s}\left(1.9c+0.08\frac{d_{eq}}{\rho_{te}}\right) \quad (8.4\text{-}1)$$

$$\sigma_{sk}=\frac{M_k y_{st}}{I} \quad (8.4\text{-}2)$$

$$\psi=1.1-0.65\frac{f_{tk}}{\rho_{te}\sigma_{sk}} \quad (8.4\text{-}3)$$

$$d_{eq}=\frac{\sum n_i d_i^2}{\sum n_i v_i d_i} \quad (8.4\text{-}4)$$

$$\rho_{te} = \frac{A_{st}}{b_e h_c} \tag{8.4-5}$$

式中 2.7——轴心受拉时的受力特征系数；

ψ——裂缝间纵向受拉钢筋应变不均匀系数；当 $\psi<0.2$ 时，取 $\psi=0.2$；当 $\psi>1$ 时，取 $\psi=1$；

σ_{sk}——在荷载的标准组合下混凝土翼板内纵向受拉钢筋的应力；见图 8.4-2；

M_k——按荷载标准组合计算的负弯矩值；

I——包括翼板内纵向受拉钢筋截面在内的单质钢截面的截面惯性矩；

y_{st}——钢筋截面形心至单质钢截面形心之间的距离；

E_s——钢筋弹性模量，按表 2.3-2 采用；

c——最外层纵向受拉钢筋外边缘至混凝土翼板顶面的保护层厚度（mm）；当 $c<20$ 时，取 $c=20$；当 $c>65$ 时，取 $c=65$；

ρ_{te}——按混凝土翼板有效截面面积 $b_e h_c$ 计算的纵向受拉钢筋配筋率；在最大裂缝宽度计算中，当 $\rho_{te}<0.01$ 时，取 $\rho_{te}=0.01$；

A_{st}——混凝土翼板有效宽度范围内的纵向受拉钢筋截面面积；

d_{eq}——受拉区纵向钢筋的等效直径（mm）；

d_i——受拉区第 i 种纵向钢筋的公称直径（mm）；

n_i——受拉区第 i 种纵向钢筋的根数；

v_i——受拉区第 i 种纵向钢筋的相对粘结特征系数；对 HPB235 钢筋，$v=0.7$；对 HRB335 钢筋，$v=1.0$；

f_{tk}——混凝土抗拉强度标准值，按表 2.3-3 采用。

【算例 8.4-1】 参照算例 5.2-4，已知组合梁的钢梁为 I30b，Q235，截面面积 $A=6725\text{mm}^2$，截面惯性矩 $I_s=94\times10^6\text{mm}^4$；混凝土翼板计算宽度 $b_e=1330\text{mm}$，翼板厚度 $h_c=100\text{mm}$，混凝土强度等级 C25；在翼板计算宽度内配 12Φ12，钢筋截面面积

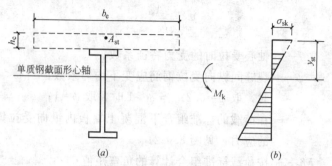

图 8.4-2 负弯矩区组合梁的单质钢截面及钢筋应力
(a) 单质钢截面;(b) 钢筋应力

$A_{st}=1357\text{mm}^2$,HRB335,钢筋截面形心距翼板顶面距离 $a_s=30\text{mm}$,该截面承受的负弯矩标准组合 $M_k=177\text{kN}\cdot\text{m}$。

求混凝土翼板的最大裂缝宽度 $w_{\max}$。

解:

梁的截面高度 $h=h_c+h_s=100+300=400\text{mm}$

梁的负弯矩截面有效高度 $h_0=h-a_s=400-30=370\text{mm}$

截面形心轴距梁底的距离 $=\dfrac{A\times150+A_{st}\times370}{A+A_{st}}$

$$=\dfrac{6725\times150+1357\times370}{6725+1357}=187\text{mm}$$

钢筋截面形心距截面形心轴的距离 $y_{st}=h_0-187=370-187$
$=183\text{mm}$

截面惯性矩 $I=94\times10^6+6725\times(187-150)^2+1357\times183^2$
$=148.7\times10^6\text{mm}^4$

由公式 (8.4-2),受拉钢筋应力 $\sigma_{sk}=\dfrac{M_k y_{st}}{I}=\dfrac{177\times10^6\times183}{148.6\times10^6}$
$=218\text{N/mm}^2$

由公式 (8.5-5),$\rho_{te}=\dfrac{A_{st}}{b_e h_c}=\dfrac{1357}{1330\times100}=0.01$

由表 2.3-3,C25 混凝土的抗拉强度标准值 $f_{tk}=1.78\text{N/mm}^2$

由公式（8.5-3），$\psi = 1.1 - 0.65 \dfrac{f_{tk}}{\rho_{te}\sigma_{sk}}$

$$= 1.1 - 0.65 \times \dfrac{1.78}{0.01 \times 218} = 0.57$$

由表 2.3-2，HRB 钢筋的弹性模量 $E_s = 200 \times 10^3 \text{N/mm}^2$

钢筋保护层厚度 $c = a_s - \dfrac{12}{2} = 30 - 6 = 24\text{mm}$

最后，由公式（8.5-1），得

$$w_{max} = 2.7\psi \dfrac{\sigma_{sk}}{E_s}\left(1.9c + 0.08\dfrac{d_{eq}}{\rho_{te}}\right)$$

$$= 2.7 \times 0.57 \times \dfrac{218}{200 \times 10^3}\left(1.9 \times 24 + 0.08 \times \dfrac{12}{0.01}\right)$$

$$= 0.24\text{mm}$$

【**算例 8.4-2**】 基本条件与算例 8.4-1 相同，但将翼板内配筋由 12Φ12 改为 14Φ12。

求翼板最大裂缝宽度并讨论。

解：

钢筋截面面积 $A_{st} = 1583\text{mm}^2$

截面形心轴距梁底的距离 $= \dfrac{6725 \times 150 + 1583 \times 370}{6725 + 1583} = 192\text{mm}$

$y_{st} = h_0 - 192 = 370 - 192 = 178\text{mm}$

$I = 94 \times 10^6 + 6725 \times (192 - 150)^2 + 1583 \times 178^2 = 156 \times 10^6 \text{mm}^4$

$\sigma_{sk} = \dfrac{M_k y_{st}}{I} = \dfrac{177 \times 10^6 \times 178}{156 \times 10^6} = 202\text{N/mm}^2$

$\rho_{te} = \dfrac{A_{st}}{b_e h_c} = \dfrac{1583}{1330 \times 100} = 0.012$

$\psi = 1.1 - 0.65 \times \dfrac{f_{tk}}{\rho_{te}\sigma_{sk}} = 1.1 - 0.65 \times \dfrac{1.78}{0.012 \times 202} = 0.62$

最后，得

$$w_{max} = 2.7\psi \dfrac{\sigma_{sk}}{E_s}\left(1.9c + 0.08\dfrac{d_{eq}}{\rho_{te}}\right)$$

$$= 2.7 \times 0.62 \times \frac{202}{200 \times 10^3} \left(1.9 \times 24 + 0.08 \times \frac{12}{0.012}\right)$$
$$= 0.21 \text{mm}$$

讨论：

(1) 曾作过多个组合梁算例分析，发现算得的最大裂缝宽度 w_{max} 在 0.2mm 与 0.3mm 之间，小于 0.2mm 的是少数。在正常环境条件下验算可以满足公式 (8.1-2) 的要求，此时 $[w]$ 取等于 0.3mm；要是环境恶劣，$[w]$ 要求从严，要求 $[w]$ = 0.2mm，验算通不过的机率很大，正常使用极限状态设计变成了主要矛盾，承载力极限状态设计倒成了次要矛盾。

(2) 为了使算得的 w_{max} 满足要求，适当增大一点 A_{st} 的设定值是有积极意义的，算例将配筋由 12Φ12 增加到 14Φ12，w_{max} 就由 0.24mm 降至 0.21mm。

(3) 连续组合梁内力分析时，支座负弯矩调幅系数不宜超过 15%～20%，或者按变截面刚度连续梁计算而不调幅。否则，裂缝宽度验算也许就成为主要矛盾。

(4) 如果用更高强度的钢筋，如 HRB400，也会使裂缝宽度成为主要矛盾；按照《混凝土结构设计规范》规定，要是真用了 HRB400 钢筋，尽管它的强度设计值为 360N/mm²，在此地其强度设计值应仍按 300N/mm² 取用。

第九章 组合楼盖设计与例题

前八章已经分别介绍了组合梁各个方面的设计原理和计算公式，而在实际设计中还会遇到一些由于结构形式不同而异于其他结构的具体问题，为了构建一个完整的楼盖概念，本章将结合实际提出一些设计上应考虑的问题，并以设计例题形式作为本书理论联系实际的最后总结。

9-1 组合楼盖的组成

组合楼盖组成示意图见图 9.1-1。

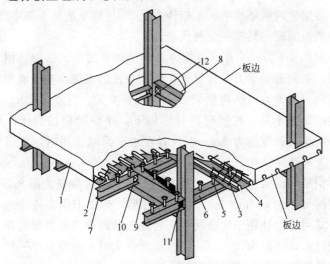

图 9.1-1 组合梁楼盖的组成
1—板；2—板的配筋；3—压型钢板钢筋网（DECKMESH）；4—压型钢板；5—抗剪连接件；6—边次梁；7—内次梁；8—边主梁；9—内主梁；10—次梁与主梁的连接；11—次梁与柱的连接；12—主梁与柱的连接

该图摘自针对《澳大利亚标准 AS 2327.1—1996》的设计小册子（Design Booklet DB1.1-2001）《简支组合梁强度设计》一书。由该图的标注可以看出，楼盖包括板、次梁、主梁以及它们之间或与柱之间的连接。

组合楼盖设计除了梁格布置及组合梁梁身设计之外，还要结合混凝土结构设计规范设计楼板，还要参考钢结构设计规范或高层民用建筑钢结构技术规程设计连接及钢部件细部。

9-2 组合楼盖的梁格布置

组合楼盖的梁格布置与主体结构体系及柱网尺寸有关，它是钢结构大环境下的一个小环境，由于建筑与结构功能的多样性，抽象地谈布置原则，不易为人们所理解，以实例讨论、举一反三，也许效果更好。

1. 框架体系

高层建筑钢结构中，框架体系是 20 层以下的一个基本体系，其中某些问题，具有一定的代表性。

图 9.2-1 为一个正交框架体系的结构平面图。框架柱用箱形截面，双向框架受力最为理想；梁格布置的关键点在于确定主梁的走向，本方案以纵向框架横梁作楼盖主梁，跨度 7.2m；横向框架横梁则不是，在竖向荷载作用下，该横梁仍相当于次梁地位，所辖荷载宽度为 2.4m，只有在水平荷载作用时，才需要它充分发挥作用。

钢结构的梁格布置中，基本上不用双向板楼盖。图 9.2-1 的柱网尺寸为 7.2m×9m，接近正方形，但仍旧用多跨连续单向板，其可取之处在于构造简单。楼面板的跨度（即次梁间距）也不宜过大，一般为 2~3.5m；次梁跨度大时，板跨宜小一些，本方案的次梁跨度为 9m，板跨为 2.4m。

至于连接，组合梁楼盖应重点关心次梁与主梁的连接，其他连接应不属于组合楼盖考虑之列。次梁与主梁的连接一般设

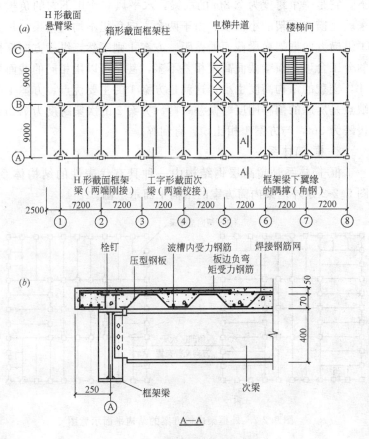

图 9.2-1 标准层结构平面
(a) 面；(b) A—A 剖视

计成次梁腹板平面内的铰接，仅次梁腹板与主梁的加劲肋用螺栓相连。见图 9.2-1b。也有少数情况次梁与主梁连接作成刚性连接。

图 9.2-1 的梁格布置方案为首选第一方案，如果另作一个梁格布置方案，方案 2，以横向框架横梁为主梁走向，跨度 9m，在竖向荷载及水平荷载组合作用下，该横梁的负荷重，所需的截面大；与此同时，纵向框架横梁的工作则比较轻，竖向荷载作用

下，它是一个跨度为 7.2m 的次梁，水平风载作用下它的负担本来就比横向框架的小很多。由于两个方向负担不均的结果，扩大了纵横方向框架横梁截面的差距。方案 1 则不然，纵横方向框架的分工合理，横梁截面高度相差不多，甚至可以用相同的截面尺寸，楼盖的结构高度也小，这就是方案 1 的主要优点，方案 1 的缺点是房屋的侧移刚度略微差一些。方案 2 的次梁跨度为 7.2m，板跨为 3m，与方案 1 相比，各有利弊。

2. 框-筒体系

框-筒体系是超高层钢结构中一种具有代表性的结构体系，图 9.2-2 是外框架内筒方案的结构平面示意图。

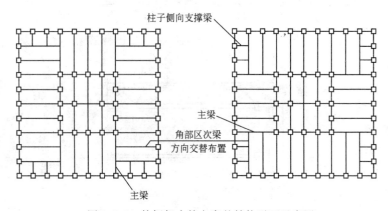

图 9.2-2　外框架内筒方案的结构平面示意图

由图可见：

（a）次梁虽不是高层钢结构中的主要构件，但是数量最多的构件，大多数的次梁都是直接支在柱上，外围不设主梁，以利室内采光的，也有利于增加室内净高；尽管房屋很高，柱子分摊受力之后，每个柱子所受的压力不至于太大，使得箱形截面柱身所需的钢板厚度能控制在 100mm 以内，以免板材在供应上发生困难。

（b）在平面四角区，每个角区都布置了一根主梁，尚有一根次梁在一侧伸出了两根"柱子侧向支撑梁"，以保证有关柱的侧向稳定。

（c）在平面四角区，为了使外围柱受压尽可能均匀，应如图9.2-2中左右图所示，采取上下层主次梁设置方向成交替布置形式。

（d）在外框架内筒体系中，外框架和内筒可采用不同的柱距，外框架可用较大的柱距，框架进深亦宜做大以增加房屋的有效使用面积，内筒用较小的柱距。

由此，可以归纳一下几点：

（a）次梁是为数众多的楼盖构件，需要精心设计，节约材料消耗，便捷施工。

（b）因为房屋的主要抗侧力构件为筒，梁与柱的连接可用铰接，不一定非要刚接不可。

3. 其他情况

以上所述的梁格布置要点，都是针对高层钢结构的方案，它不是惟一的。工作平台的梁格布置方案就和它不一样，例如火电站厂房，其主要承重结构大多为钢筋混凝土横向框架，框架跨度大，梁的截面也高，纵向柱距为9m左右，其组合次梁就是穿过框架横梁做成连续梁而不是多跨简支梁，次梁的间距也不小。总之一切要从实际出发，主体结构设计时应通盘考虑。

9-3 板和梁的构造考虑

一、板

组合梁楼盖的板一般是设计成连续的，且大多是单向连续板。按照规定，板边伸出边梁中心线不小于150mm，伸出边梁钢翼缘边不小于50mm。混凝土强度等级一般用C25～C30。常见的楼板型式有两种：常规的混凝土板及压型钢板混凝土组合板。

（1）常规的混凝土板

连续单向板的最小厚度应不小于受力方向跨度的1/40，满足该项要求可不进行板的挠度验算。板的厚度还与其中的连接件尺寸有关，以栓钉连接件为例，栓钉标准件的高度为其栓钉直径 d 的 4 倍，栓钉顶面的混凝土保护层厚度为 15mm，用 $\phi 16$ 栓钉的板的厚度至少应取 80mm，用 $\phi 22$ 栓钉时板的厚度至少应取 100mm。如果用别种连接件，如带锚环的方钢连接件，连接件的总体高度较大，应该在板的下面增设一个侧面倾角小于 30°的浅板托以容纳抗剪连接件，板厚才可以不受连接件影响。

板的受力钢筋建议用分离式配筋形式，板的最小配筋率取等于 0.2% 或 $45 f_t / f_y$ 中的较大者，f_t 为混凝土抗拉强度设计值，f_y 为钢筋抗拉强度设计值。同时建议其底部正弯矩钢筋做成连通的，在支座处不切断，必要时可搭接处理。其理由是次梁中的连接件对混凝土有局部承压作用，楼板沿次梁中线有劈裂趋势，配置了通长的底部钢筋可以起到抑制作用。通长的底部钢筋还可以用来抵抗板的界面受剪。此外底部钢筋的支座锚固也更为可靠。

至于板的构造钢筋，也是不容忽视的，它对于防止楼板裂缝出现至关重要，2002 版的《混凝土结构设计规范》对此也十分重视，规定也比过去从严从重，还增加了一些新的有关条款，总的来讲，有分布钢筋、板边负弯矩钢筋、主梁上横向构造钢筋及温度-收缩应力附加钢筋等构造钢筋，现结合组合梁介绍如下。

(a) 当按单向板设计时，应在垂直受力方向布置分布钢筋。单位长度上分布钢筋的截面面积不应小于单位宽度上受力钢筋截面面积的 15%，且不应小于该方向板截面面积的 0.15%，分布筋的间距不应大于 250mm，直径不宜小于 6mm。

(b) 对沿楼盖周边与组合边梁整体连接的单向板，应沿周边在板的上部布置负弯矩钢筋。其直径不宜小于 8mm，间距不宜大于 200mm，且截面面积不应小于跨中纵向钢筋截面面积的 1/3。伸入板中的长度自钢梁上翼缘边算起不宜小于多跨单向板的受力方向计算跨度 l_0 的 1/4。在板角处该钢筋应沿两个垂直方向布置。在图 9.2-1 的剖面 A—A 中，有这种构造钢筋的示意图。该项规定也是摘自混凝土结构设计规范的，对组合梁楼盖而言，因为它的组合边梁的抗扭刚度不如钢筋混凝土边梁强，对板边的约束小，上述规定的板边负弯矩钢筋用量偏于安全方面。

(c) 对于单向板楼盖，板的受力钢筋都与主梁平行，都没有横向跨越过主梁，在主梁上面的板内形成配筋空白。事实上该区构造配筋至关重要，由于支座干扰影响，在主梁两侧一定范围内的板内存在着计算中未曾计及的横向负弯矩，应该在板内沿主梁长度方向配置与主梁相垂直的横向上部构造钢筋。与此同时，还应该在板内配置对应的横向底部构造钢筋，见图 9.3-4。横向底部构造钢筋可以增强主梁内混凝土对连接件的局部承压的抵抗，可以增强板的界面受剪。主梁上板内横向构造钢筋还有其他的功能，将留待后面适当场合补充，其配筋用量也将一并给出，见图 9.3-4。

(d) 在温度和收缩应力较大的现浇板区域内尚应布置附加钢筋。附加钢筋的数量可按计算或工程经验确定，并宜沿板的上、下表面布置。沿一个方向增加的附加钢筋配筋率不宜小于 0.2%，其直径不宜过大，间距宜取 150~200mm。

例如，当多跨连续板跨度大于 4m 且混凝土为泵送时，或在结构体形或截面变化较大的部位，宜按上述原则在板的上、下表面布置双向附加钢筋，以防止由于温度-收缩作用在板内引起上下贯通的通缝。

(2) 压型钢板组合板

在《高层民用建筑钢结构技术规程》的"组合楼盖"一章中和"组合梁设计"并列地设置了"压型钢板组合楼板设计"一节，具体的设计与计算均可依据其中的有关规定执行，这里仅介绍有关的构造要点。

压型钢板混凝土板可分为非组合板与组合板，非组合板中的压型钢板仅用作永久性模板，在波槽内另为混凝土配筋；组合板中的压型钢板能很好地与其中的混凝土结合在一起，除了用作模板之外，还能作为混凝土的配筋，也可以在波槽内配置钢筋以进一步增大板的承载能力。在组合板中，压型钢板与混凝土的连接应符合下列形式之一。

(a) 依靠压型钢板的纵向波槽，图 9.3-1a。

(b) 依靠压型钢板上的压痕、开的小洞或冲成的不闭合孔眼，图 9.3-1b。

(c) 依靠压型钢板上焊接的横向钢筋，图 9.3-1c。

在任何情况下，均应设置端部锚固件，图 9.3-1d。

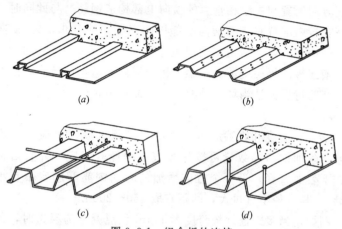

图 9.3-1 组合板的连接

压型钢板应采用镀锌钢板，用作组合板的压型钢板的净厚度不应小于 0.75mm；仅作模板用的压型钢板厚度不应小于 0.5mm。浇注混凝土的波槽平均宽度不应小于 50mm。压型钢板的总高度不应大于 80mm。

组合板的总高度不应小于 90mm，压型钢板顶面上的混凝土厚度不应小于 50mm，且其中配置构造钢筋网，加上地面及构造层之后，还要审核一下是否能满足楼板防火保护层厚度的要求。

用组合板及钢梁构成的组合梁一般都用栓钉连接件，栓钉需要通过焊接穿透压型钢板而焊在钢梁上，栓钉直径不得大于 19mm，焊后的栓钉高度应大于压型钢板高度加 30mm。

作为一个示例，在图 9.2-1 的剖面 A—A 中，在板跨为

2.4m 的前提下，压型钢板高度为 70mm，其上混凝土厚度为 50mm，波槽内配受力钢筋，板面内配焊接钢筋网，板边配负弯矩构造钢筋。压型钢板组合板施工便捷，但材料消耗多。

二、梁

1. 梁的截面尺寸

不建议采用深板托的组合梁。组合梁的截面高度不宜超过钢梁截面高度的 2.5 倍，混凝土板托高度不宜超过翼板厚度的 1.5 倍。

组合梁承载力的设计计算只能采用强度复核形式，需要事先设定一个比较恰到好处的截面形式及尺寸，而组合梁截面预估的核心是对其中的钢梁截面预估，因为涉及因素太多，尚未见到有专门的规定。根据一些算例的经验总结，对于无板托组合梁，普通工字型钢钢部件的截面模量 W 建议按以下公式预估。

$$W = \frac{M}{\gamma f} \quad (9.3\text{-}1)$$

式中 f 为钢材强度设计值，γ 为经验系数。

对于简支组合梁，M 取跨中最大正弯矩设计值；$\gamma = 1.6 \sim 2.0$，相对于钢梁截面而言混凝土翼板的截面大时，例如次梁，γ 取较大值；反之，混凝土翼板的截面所占的比重小时，如主梁，γ 取较小值。

对多跨连续次梁，M 取最大支座弯矩设计值；$\gamma = 1.5 \sim 1.6$，截面力比小时 γ 取较小值。

参考 9-4 节中的设计小结，组合次梁的截面高度对其跨度之比不宜小于 1/20；组合主梁的截面高度对其跨度之比不宜小于 1/15。

2. 次梁与主梁的连接

因为构造简单，次梁与主梁的连接一般采用柔性铰接连接，组合梁也特别适合单跨简支状态下工作。只有当荷载很大，需要增加梁的负载能力、增强梁的刚度或增大梁的跨度时，才用连续次梁方案。

次梁与主梁的简支连接方案见图 9.3-2。次梁仅用其腹板与主梁的加劲板相连,连接螺栓除承受剪力 V 外还要承受偏心力矩 Ve。当连接螺栓与主梁中心线间的偏心距 e 不大时,可不考虑主梁受扭。连接板的厚度一般取等于次梁腹板厚度;当用双面连接板时,连接板厚度取等于次梁腹板厚度的 0.7 倍。连接螺栓的个数不得少于 3 个。

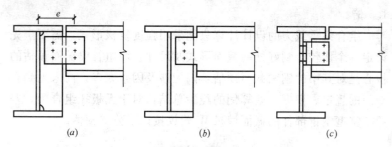

图 9.3-2 次梁与主梁的简支连接方案

图 9.3-3 为次梁与主梁刚性连接的一个构造方案,采用了栓焊混合连接形式。在连接处,次梁的上下翼缘是焊成连续的,腹板则用螺栓连在主梁加劲肋上,虽然采用了高强度螺栓,腹板仍有部分截面被削弱。该图所表示的仅仅是主次梁钢部件的连接,没有表示出上面的楼板,实际上还要在板内顺着次梁方向布置受力钢筋,以提高截面的整体性和抗弯承载力。

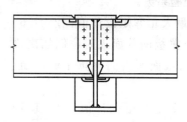

图 9.3-3 主次梁刚性连接方案示意图

由图可见,主次梁刚性连接构造复杂、工艺要求高,腹板又有所削弱,对量大面广的次梁而言,不宜采用或少用。

同时还应指出,即使采用了简支次梁方案,为了保证楼板板面的完整性,上面的楼板也不要切开,从简图上讲,让次梁变成

"板连多跨简支梁",见图9.3-4。这时,由于次梁梁端在支座处的转动,应该在板内配跨越主梁的横向构造钢筋来承受次梁梁端转动所引起的负弯矩。加上以前所讲的一些其他功能要求,跨越主梁的横向构造钢筋用量建议在板内上下层各配$\Phi 10@200mm$,从主梁钢梁上翼缘边算起伸入板中的长度a不应小于板计算跨度l_0的1/4,且不应小于800mm。

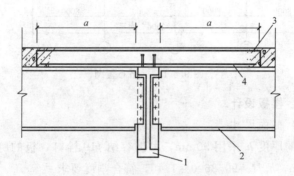

图9.3-4 板内跨越主梁的横向构造钢筋
1—主梁;2—次梁;3—上部横向构
造钢筋;4—下部横向构造钢筋

顺便指出,即使采用了连续次梁方案,板内上部跨越主梁的横向构造钢筋可被次梁的负弯矩受力钢筋所替代,但板内底部横向构造钢筋仍然是必不可少的。

9-4 设 计 例 题

一、基本条件

某厂房工作平台结构根据经济分析并结合工艺特点,拟采用钢-混凝土组合楼盖,其梁格布置见图9.4-1。图中主梁直接支承在钢筋混凝土柱上,柱的截面为350mm×350mm;组合梁钢部件采用Q235钢;混凝土楼板采用C30级混凝土及HRB335钢筋;楼面上可变荷载标准值为5kN/m²,准永久值系数$\psi_q=0.5$。

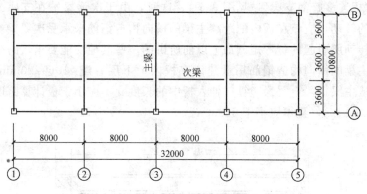

图 9.4-1 梁格布置图

二、楼板设计

(1) 截面尺寸

板的厚度 h_c 采用 90mm，可以容纳 ϕ19 栓钉，板的跨度 $l=3600$mm，$h_c/l=90/3600=1/40$，符合刚度要求。

板的截面有效高度 $h_0=h_c-a_s=90-20=70$mm

(2) 荷载汇集

板的荷载汇集见表 9.4-1。

楼板的荷载汇集 表 9.4-1

荷 载		标准值(kN/m²)	荷载分项系数	设计值(kN/m²)
永久荷载	楼板自重	25×0.09=2.25	1.2	2.70
	地面抹灰	20×0.02=0.4	1.2	0.48
	合计	2.65		3.18
可变荷载		5.0	1.3	6.50

(3) 内力分析

取 1m 宽板带内为计算单元，考虑次梁钢部件上翼缘抗弯刚度有限，板的计算跨度自次梁的中心线算起，根据梁格布置，板为多跨连续板，计算跨度 $l=3.6$m。

根据混凝土结构设计有关资料所给的内力系数，按考虑塑性

铰内力重分布方法进行内力计算,各主要截面的弯矩为:

第一内支座截面

$$M_B = -\frac{1}{14}(g+p)l^2 = -\frac{1}{14} \times (3.18+6.50) \times 3.6^2$$

$$= -\frac{1}{14} \times 9.68 \times 3.6^2 = -8.96 \text{kN} \cdot \text{m}$$

中间支座截面

$$M_C = -\frac{1}{16}(g+p)l^2 = -\frac{1}{16} \times 9.68 \times 3.6^2 = -7.84 \text{kN} \cdot \text{m}$$

边跨跨中截面

$$M_1 = \frac{1}{11}(g+p)l^2 = \frac{1}{11} \times 9.68 \times 3.6^2 = 11.40 \text{kN} \cdot \text{m}$$

中跨跨中截面

$$M_2 = M_3 = \frac{1}{16}(g+p)l^2 = \frac{1}{16} \times 9.68 \times 3.6^2 = 7.84 \text{kN} \cdot \text{m}$$

(4) 截面配筋

由表 2.3-2,HRB335 钢筋的抗拉强度设计值 $f_y = 300 \text{N/mm}^2$。
由表 2.3-3,C30 级混凝土的抗压强度设计值 $f_c = 14.3 \text{N/mm}^2$。
板宽 $b = 1\text{m}$,板的截面有效高度 $h_0 = h_c - a_s = 90 - 20 = 70 \text{mm}$。
板的配筋计算及选用见表 9.4-2。

板的配筋及选用　　　　　表 9.4-2

截　　面		1	B	2	C
弯矩 M	($\times 10^6 \text{N} \cdot \text{mm}$)	11.40	-8.96	7.84	-7.84
$a_s = M/(bh_0^2 f_c) = M/(1000 \times 70^2 \times 14.3)$		0.163	0.128	0.112	0.112
$\gamma_s = (1+\sqrt{1-2a_s})/2$		0.910	0.930	0.990	0.940
$A_s = M/(\gamma_s h_0 f_y) = M/(\gamma_s \times 70 \times 300)$	(mm²)	597	458	397	397
配筋直径 Φ	(mm)	10	10	8	10
配筋间距 @	(mm)	130	170	130	170
实配面积	(mm²/m)	604	462	604	462

三、次梁设计

(1) 截面尺寸

（a）钢部件型号选用

次梁的荷载控制宽度 $l_2=3.6$m，跨度 $l=8$m，采用简支梁方案，如暂不计其钢部件自重，次梁的跨中截面弯矩为

$$M=\frac{1}{8}(g+p)l_2 l^2=\frac{1}{8}\times 9.68\times 3.6\times 8^2=279\text{kN}\cdot\text{m}$$

由公式 9.3-1，并取 $\gamma=2.0$ 及 $f=215\text{N}/\text{mm}^2$，钢部件的截面模量可预先估计为

$$W=\frac{M}{\gamma f}=\frac{279\times 10^9}{2.0\times 215}=649\times 10^3\text{mm}^3$$

由附表 2，选用 I30c 工字钢，其 $W=657\times 10^3\text{mm}^3$，自重为 0.58kN/m，上翼缘宽度 $b=130$mm。

（b）截面有效宽度 b_e

对于内梁，b_e 取以下三个数值中的较小者：

$b_e=l/3=8000/3=2667$mm

$b_e=b_0+12h_c=130+12\times 90=1210$mm

$b_e=b_0+s_0=3600$mm

取 $b_e=1210$mm。

（2）荷载汇集

永久荷载标准值 $g_k=2.65\times 3.6+$ 钢部件自重 $=2.65\times 3.6+0.58=10.12$kN/m

永久荷载设计值 $g=1.2g_k=1.2\times 10.12=12.14$kN/m

可变荷载标准值 $p_k=5\times 3.6=18$kN/m

可变荷载设计值 $p=1.3\times p_k=23.4$N/m

（3）内力计算

如图 9.4-2 所示，次梁的计算跨度 l_0 应自其连接螺栓线算起：

$l_0=l-100=8000-100=7900$mm$=7.9$m

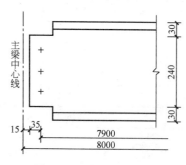

图 9.4-2 次梁的支座细部

梁的跨中截面弯矩

$$M = \frac{1}{8}(g+p)l_0^2 = \frac{1}{8}(12.14+23.4)\times 7.90^2$$
$$= 277.3 \text{kN} \cdot \text{m}$$

梁的支座截面剪力

$$V = \frac{1}{2}(g+p)l_0 = \frac{1}{2}(12.14+23.4)\times 7.90 = 140.4 \text{kN}$$

(4) 承载力计算

(a) 抗弯计算

已知 $b_e h_c f_c = 1210\times 90\times 14.3 = 1557270\text{N} = 1557.2\text{kN}$，钢梁截面面积 $A = 7325\text{mm}^2$，$Af = 7325\times 215 = 1574875\text{N} = 1574.9\text{kN}$。虽然 $Af = 1574.9\text{kN} > b_e h_c f_c = 1557.2\text{kN}$，中和轴在钢梁内，但 $Af \approx b_e h_c f_c$，为了方便计算和偏于安全方面，认为中和轴近似位于叠合面处，取 $x=90\text{mm}$。

钢梁截面形心距翼板受压区形心间距离

$$y = h_s/2 + h_c - x/2 = 300/2 + 90 - 90/2 = 195\text{mm}$$

再由公式 (5.2-3)，有

$$M_u = b_e x f_c y = 1210\times 90\times 14.3\times 195 = 303667650\text{N}\cdot\text{mm}$$
$$= 303.7\text{kN}\cdot\text{m}$$

所以 $M = 277.3\text{kN}\cdot\text{m} < M_u = 303.7\text{kN}\cdot\text{m}$，富余 10%，符合要求。

(b) 抗剪计算

已知 I30c 工字钢的腹板厚度 $t_w = 13\text{mm}$，由图 9.4-2 已知腹板有效截面高度 $=300-60=240\text{mm}$，再扣除螺栓孔，腹板净有效截面高度 $h_w = 240 - 3\times 22 = 174\text{mm}$

由公式 (5.3-2)，有

$$V_u = h_w t_w f_v = 174\times 13\times 125 = 282750\text{N} = 282.8\text{kN}$$

所以 $V = 140.4\text{kN} < V_u = 282.8\text{kN}$，符合要求。

(5) 连接件设计

选用 4.6 级 $\phi 19$ 栓钉作连接件，其截面面积 $A_s = 283.5\text{mm}^2$。

由公式（6.5-1），并参考表 6.5-1，一个栓钉的抗剪承载力为

$N_v^c = 0.43 A_s \sqrt{E_c f_c} = 0.43 \times 283.5 \times 655 = 79848\text{N} = 79.8\text{kN}$

其上限为 $0.7 A_s \gamma f = 0.7 \times 283.5 \times 1.67 \times 215 = 71253\text{N} = 71.3\text{kN}$，故取 $N_v^c = 71.3\text{kN}$。

对于均布荷载简支梁，其剪跨长度为 $l_0/2 = 7900/2 = 3950\text{mm}$

因为 $Af > b_e h_c f_c$，参考公式（6.7-2），剪跨区段内叠合面上的纵向剪力为

$V_s = b_e h_c f_c = 1210 \times 90 \times 14.3 = 1557270\text{N} = 1557.3\text{kN}$

剪跨内所需的连接件个数为

$n_f = V_s / N_v^c = 1557.3/71.3 = 21.8$ 个

取 $n_f = 22$ 个，相应的连接件间距 $u = 3950/22 = 179.5\text{mm}$，合乎构造规定。

（6）挠度验算

（a）截面刚度 B

已知 I30c 工字钢的截面面积 $A = 7325\text{mm}^2$，截面惯性矩 $I_s = 98.5 \times 10^6 \text{mm}^4$。

在短暂荷载作用下：

钢材对混凝土的弹性模量比 $\alpha_E = E/E_c = 210/30 = 7$

混凝土翼板的换算宽度 $b_{eq} = b_e/\alpha_E = 1210/7 = 172\text{mm}$

换算截面形心距梁底的距离为

$y_{sc} = (A \times 150 + b_{eq} h_c \times 345)/(A + b_{eq} h_c)$
$= (7325 \times 150 + 172 \times 90 \times 345)/(7325 + 172 \times 90)$
$= 282\text{mm}$

换算截面惯性矩为

$I_{eq} = I_s + A \times (282 - 150)^2 + b_{eq} h_c^3/12 + b_{eq} h_c \times (345 - 282)^2$
$= 98.5 \times 10^6 + 7325 \times 132^2 + 172 \times 90^3/12 + 172 \times 90 \times 63^2$
$= 98.5 \times 10^6 + 127.6 \times 10^6 + 10.4 \times 10^6 + 61.4 \times 10^6$
$= 297.9 \times 10^6 \text{mm}^4$

根据规范规定，按照公式（8.2-2）计算短暂荷载作用下梁

的截面刚度 B_s，其中 $1/(1+\zeta)=0.81$，详细计算见附件。

$$B_s = \frac{1}{1+\zeta}EI_{eq} = 0.81EI_{eq} = 0.81 \times 210 \times 10^3 \times 297.9 \times 10^6$$
$$= 50.7 \times 10^{12} \, \text{N} \cdot \text{mm}^2$$

在持续荷载作用下，混凝土翼板的换算宽度 $b_{eq}=b_e/(2\alpha_E)=86\text{mm}$，换算截面形心距梁底的距离为

$$y_{sc} = (A \times 150 + b_{eq}h_c \times 345)/(A+b_{eq}h_c)$$
$$= (7325 \times 150 + 86 \times 90 \times 345)/(7325 + 86 \times 90)$$
$$= 250\text{mm}$$

换算截面惯性矩为

$$I_{eq} = I_s + A \times (250-150)^2 + b_{eq}h_c^3/12 + b_{eq}h_c \times (345-250)^2$$
$$= 98.5 \times 10^6 + 7325 \times 100^2 + 86 \times 90^3/12 + 86 \times 90 \times 95^2$$
$$= 98.5 \times 10^6 + 73.3 \times 10^6 + 5.2 \times 10^6 + 69.9 \times 10^6$$
$$= 246.9 \times 10^6 \, \text{mm}^4$$

根据规范规定，按照公式（8.2-2）计算持续荷载作用下梁的截面刚度 B_l，其中 $1/(1+\zeta)=0.84$，详细计算见附件。

$$B_l = \frac{1}{1+\zeta}EI_{eq} = 0.84EI_{eq} = 0.84 \times 210 \times 10^3 \times 246.9 \times 10^6$$
$$= 43.6 \times 10^{12} \, \text{N} \cdot \text{mm}^2$$

(b) 挠度验算

永久荷载标准值作用下的挠度

$$\Delta_{gk} = \frac{5}{384B_l}g_k l_0^4 = \frac{5}{384 \times 43.6 \times 10^{12}} \times 10.12 \times 7900^4 = 11.8\text{mm}$$

可变荷载标准值作用下的挠度

$$\Delta_{pk} = \frac{5}{384B_s}p_k l_0^4 = \frac{5}{384 \times 50.7 \times 10^{12}} \times 18 \times 7900^4 = 18.0\text{mm}$$

可变荷载准永久值作用下的挠度

$$\Delta_{pq} = \frac{5}{384B_l}\psi_q p_k l_0^4 = \frac{5}{384 \times 43.6 \times 10^{12}} \times 0.5 \times 18 \times 7900^4$$
$$= 10.5\text{mm}$$

挠度的标准组合为

$$\Delta_k = \Delta_{gk} + \Delta_{pk} = 11.8 + 18.0 = 29.8 \text{mm}$$

挠度的准永久组合为

$$\Delta_q = \Delta_{gk} + \Delta_{pq} = 11.8 + 10.5 = 22.3 \text{mm}$$

取其中较大者，$\Delta = 29.8$mm。

按照规定，次梁的挠度限值$[\Delta] = l_0/250 = 7900/250 = 31.6$mm

因 $\Delta = 29.8$mm$<[\Delta] = 31.6$mm，富余6%，合乎要求。

正如前面算例 2.2-3 中所讨论的那样，对于楼面荷载，只要其中可变荷载的准永久值系数 $\psi_q \leqslant 0.8$，挠度的准永久组合不是关键性的，可以不算。

附件：关于 $1/(1+\zeta)$ 的计算

由已知条件，算得

$A_{cf} = b_e h_c = 1.21 \times 0.09 = 0.1089 \text{m}^2$

$A = 7325 \text{mm}^2 = 7.325 \times 10^{-3} \text{m}^2$

$I = 98.5 \times 10^6 \text{cm}^4 = 98.5 \times 10^{-6} \text{m}^4$

$I_{cf} = \dfrac{1}{12} b_e h_c^3 = \dfrac{1}{12} \times 1.21 \times 0.09^3 = 7.358 \times 10^{-5} \text{m}^4$

$d_c = (0.30 + 0.09)/2 = 0.195 \text{m}$

$h = 0.30 + 0.09 = 0.39 \text{m}$

$k = 71.3 \text{kN/mm} = 71300 \text{N/m}$

$p = 0.18 \text{m}$

$n_s = 1$

$\alpha_E = E/E_c = 210/30 = 7$

$l = 7.90 \text{m}$

在短暂荷载作用下，代入公式（8.2-8）逆向至公式（8.2-3），有

$I_0 = I + I_{cf}/\alpha_E = 98.5 \times 10^{-6} + 7.358 \times 10^{-5}/7$

$\quad = 17.21 \times 10^{-5} \text{m}^4$

$A_0 = \dfrac{A_{cf} A}{\alpha_E A + A_{cf}} = \dfrac{0.1089 \times 7.325 \times 10^{-3}}{7 \times 7.325 \times 10^{-3} + 0.1089}$

$\quad = 4.98 \times 10^{-3} \text{m}^2$

$$A_1 = \frac{I_0 + A_0 d_c^2}{A_0} = \frac{17.2 \times 10^{-5} + 4.98 \times 10^{-3} \times 0.195^2}{4.98 \times 10^3}$$
$$= 0.073 \text{m}^2$$

$$j = 0.81 \sqrt{\frac{n_s k A_1}{E I_0 p}} = 0.81 \sqrt{\frac{1 \times 71300 \times 0.073}{210 \times 10^6 \times 17.21 \times 10^{-5} \times 0.18}}$$
$$= 0.725 \text{m}^{-1}$$

$$\eta = \frac{36 E d_c p A_0}{n_s k h l^2} = \frac{36 \times 210 \times 10^6 \times 0.195 \times 0.18 \times 4.98 \times 10^{-3}}{1 \times 71300 \times 0.39 \times 7.9^2}$$
$$= 0.761$$

$$\zeta = \eta \left[0.4 - \frac{3}{(jl)^2} \right] = 0.761 \left[0.4 - \frac{3}{(0.725 \times 7.9)^2} \right] = 0.235$$

$$\frac{1}{1+\zeta} = \frac{1}{1+0.235} = 0.81$$

在持续荷载作用下，用（$2\alpha_E$）替代 α_E，代入公式（8.2-8）逆向至公式（8.2-3），有

$$I_0 = I + I_{cf}/(2\alpha_E) = 98.5 \times 10^{-6} + 7.358 \times 10^{-5}/14$$
$$= 10.38 \times 10^{-5} \text{m}^4$$

$$A_0 = \frac{A_{cf} A}{2\alpha_E A + A_{cf}} = \frac{0.1089 \times 7.325 \times 10^{-3}}{14 \times 7.325 \times 10^{-3} + 0.1089}$$
$$= 3.77 \times 10^{-3} \text{m}^2$$

$$A_1 = \frac{I_0 + A_0 d_c^2}{A_0} = \frac{10.38 \times 10^{-5} + 3.77 \times 10^{-3} \times 0.195^2}{3.77 \times 10^3} = 0.066 \text{m}^2$$

$$j = 0.81 \sqrt{\frac{n_s k A_1}{E I_0 p}} = 0.81 \sqrt{\frac{1 \times 71300 \times 0.066}{210 \times 10^6 \times 10.38 \times 10^{-5} \times 0.18}}$$
$$= 0.89 \text{m}^{-1}$$

$$\eta = \frac{36 E d_c p A_0}{n_s k h l^2} = \frac{36 \times 210 \times 10^6 \times 0.195 \times 0.18 \times 3.77 \times 10^{-3}}{1 \times 71300 \times 0.39 \times 7.9^2}$$
$$= 0.576$$

$$\zeta = \eta \left[0.4 - \frac{3}{(jl)^2} \right] = 0.576 \times \left[0.4 - \frac{3}{(0.89 \times 7.9)^2} \right] = 0.195$$

$$\frac{1}{1+\zeta} = \frac{1}{1+0.195} = 0.84$$

(7) 施工阶段验算

施工阶段荷载包括湿混凝土重量,施工人机及模板重量,先不考虑在梁下设临时支撑,这些荷载全由工字钢承担,计有

湿混凝土自重设计值 $g=1.2 \times 25 \times 0.09 \times 3.6 = 9.72 \mathrm{kN/m}$

施工荷载设计值 $p=1.4 \times 1.7 \times 3.6 = 8.57 \mathrm{kN/m}$

工字钢跨中截面弯矩为

$$M = \frac{1}{8}(g+p)l_0^2 = \frac{1}{8}(9.72+8.57) \times 7900^2 = 142.7 \mathrm{kN \cdot m}$$

已知 I30c 工字钢的截面模量 $W = 657 \times 10^3 \mathrm{mm}^3$,工字钢的最大正应力为

$\sigma = M/W = 143 \times 10^6/(657 \times 10^3) = 218 \mathrm{N/mm^2} > f$
$= 215 \mathrm{N/mm^2}$

强度验算通不过,往下的挠度验算已经没有意义,建议在施工阶段在钢梁下设 2~3 个临时支撑。

(8) 次梁对主梁的连接设计

(a) 螺栓的布置要点

次梁的端部尺寸及螺栓布置在图 9.4-2 中已经初步确定,采用承压型高强度螺栓连接,高强度螺栓为 8.8 级的 M20,连接处构件接触面用喷砂处理,设置 3 个螺栓,螺栓孔的中距为 75mm,端距为 45mm,见图 9.4-3,另外由图 9.4-2 已知螺栓孔的边距为 35mm,支座反力对螺栓线的偏心距 $e=50 \mathrm{mm}$。

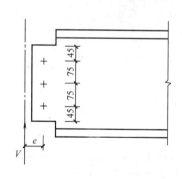

图 9.4-3 次梁的连接设计

如果螺栓自上而下顺序编号为 1、2 及 3,螺栓群的形心将正好位于 2 号螺栓处,各螺栓对形心的坐标分别为 $y_1 = 75 \mathrm{mm}$,$y_2 = 0$,$y_3 = -75 \mathrm{mm}$。

(b) 一个螺栓的承载能力设计值

按 8.8 级螺栓抗剪强度 $f_v^b=250\text{N/mm}^2$ 计，对于单面受剪情况

$$N_v^b=\frac{\pi d^2}{4}f_v^b=\frac{\pi\times 20^2}{4}\times 250=78500\text{N}=78.5\text{kN}$$

按 Q235 钢板承压强度 $f_c^b=470\text{N/mm}^2$ 计，已知工字钢腹板厚度为 13mm，主梁加劲肋板厚度为 8mm，取较小者，$t=8\text{mm}$。此时，

$$N_c^b=dtf_c^b=20\times 8\times 470=75200\text{N}=75.2\text{kN}$$

取两者中的较小者，即 $N_{\min}^b=75.2\text{kN}$。

（c）螺栓的承载力验算

螺栓群受两个作用，一个是主梁对它的反力，向上，它等于次梁的梁端剪力 V，此处 $V=140.4\text{kN}$；另一个是偏心反力对螺栓线的弯矩，顺时针向，该弯矩对主梁是扭矩，记做 T，此处 $T=Ve=140.4\times 50=7620\text{kN}\cdot\text{mm}$。

在支座反力 $V=140.4\text{kN}$ 作用下，各螺栓处的竖向作用力为 $V_1=V_2=V_3=V/3=140.4/3=46.8\text{kN}$。

在弯矩 $T=7620\text{kN}\cdot\text{mm}$ 作用下，各螺栓处的水平作用力为

$$H_1=\frac{Ty_1}{\sum y_i^2}=\frac{7620\times 75}{75^2+0+75^2}=50.8\text{kN}（向左）$$

$H_2=0$

$H_3=-H_1$（向右）

1 号螺栓处的作用合力为

$$N_1=\sqrt{V_1^2+H_1^2}=\sqrt{46.8^2+50.8^2}=69.1\text{kN}$$

因为 $N_1=69.1\text{kN}<N_v^b=75.2\text{kN}$，合乎要求。

四、主梁设计

（1）主梁计算简图及其钢部件型号选用

由楼盖结构平面布置图 9.4-1 已知，主梁是单跨简支梁，跨度 $l=10.8\text{m}$；有 4 行次梁支承在主梁上，外侧两行次梁支承在主梁支座处，将荷载径直传给柱子，内侧两行次梁则以集中力

形式作用在主梁三分点处，剪跨 l_s 为 3.6m。至于主梁的钢部件重量虽属于均布线荷载，由于其值不大，为简化计算，也将化成作用在主次梁交点处的集中力，与次梁传来的集中力一并计算。

如果暂时不计主梁钢部件自重，由次梁传给主梁的集中力设计值

$(G+Q) = (12.14+23.4) \times 8 = 284.3 \text{kN}$

主梁跨中截面弯矩设计值

$M = (G+Q) \times 3.6 = 284.3 \times 3.6 = 1023.6 \text{kN} \cdot \text{m}$

由公式（9.3-1）初步估计，并取 $\gamma = 1.6$，主梁钢部件需要的截面模量为

$W = M/(\gamma f) = 1023.6/(1.6 \times 215) = 2.98 \times 10^6 \text{mm}^3$

选用 I63a，其 $W = 2980 \text{cm}^3 = 2.98 \times 10^6 \text{mm}^3$，其重量为 1.21kN/m。

（2）荷载汇集

次梁传来的永久荷载集中力　　$G_1 = 10.12 \times 8 = 81.0 \text{kN}$
主梁钢部件自重（集中力）　　$G_2 = 1.21 \times 3.6 = 4.4 \text{kN}$
永久荷载标准值　　　　　　　$G_k = 85.4 \text{kN}$
永久荷载设计值　　　　　　　$G = 1.2 \times 85.4 = 102.5 \text{kN}$
可变荷载标准值　　　　　　　$Q_k = 18 \times 8 = 144 \text{kN}$
可变荷载设计值　　　　　　　$Q = 1.3 \times 144 = 187.2 \text{kN}$

（3）内力计算

跨中截面弯矩设计值

$M = (G+Q) \times 3.6 = (102.5+187.2) \times 3.6 = 1042.9 \text{kN} \cdot \text{m}$

支座截面剪力

$V = (G+Q) = (102.5+187.2) = 289.7 \text{kN}$

计算结果见图 9.4-4。

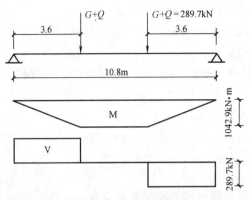

图 9.4-4　主梁内力图

(4) 承载力计算

(a) 抗弯计算

已知 I63a 工字钢上翼缘宽度 $b=176$mm，截面面积 $A=15466$mm^2，则

$b_e = b + 12h_c = 176 + 12 \times 90 = 1256$mm

$b_e h_c f_c = 1256 \times 90 \times 14.3 = 1616472$N $= 1616.5$kN

$Af = 15466 \times 215 = 3325190$N $= 3325.2$kN

因为 $Af > b_e h_c f_c$，所以中和轴位于钢梁截面内。

由公式 (5.2-4)，钢梁受压区截面面积

$A_c = 0.5(Af - b_e h_c f_c)/f = 0.5 \times (3325200 - 1616500)/215$
$= 3974$mm^2

已知 I63a 工字钢的翼缘宽度 $b=176$mm，翼缘厚度 $t=22$mm，腹板厚度 $d=13$mm，在钢梁的受压区中：

钢梁翼缘受压面积 $= bt = 176 \times 22 = 3872$mm^2，深度 $= 22$mm

钢梁腹板受压区面积 $= 3974 - 3872 = 102$mm，深度 $= 102/13 = 7.8$mm

钢梁受压区截面形心距梁底的高度

$$h_1 = \frac{176 \times 22 \times (630 - 22/2) + 102 \times (630 - 22 - 7.8/2)}{3974}$$

$=619\text{mm}$

钢梁受拉区截面面积$=A-A_c=15466-3974=11492\text{mm}^2$，在钢梁的受拉区中：

钢梁翼缘受拉面积$=bt=176\times22=3872\text{mm}^2$，深度$=22\text{mm}$；

钢梁腹板受拉区面积$=(630-44-7.8)\times13=578.2\times13=7517\text{mm}^2$，深度578.2mm。

钢梁受拉区截面形心距梁底的高度
$$h_2=\frac{176\times22\times22/2+7517\times(22+578.2/2)}{11492}=207\text{mm}$$

混凝土翼板截面形心距梁底的高度
$$h_3=630+90-90/2=675\text{mm}$$

参见图9.4-5，钢梁受拉区截面形心至混凝土翼板截面形心间的距离为
$$y_1=h_3-h_2=675-207=468\text{mm}$$

钢梁受拉区截面形心至钢梁受压区截面形心间的距离为
$$y_2=h_1-h_2=619-207=412\text{mm}$$

最后，由公式（5.2-5），得
$$M_u=b_e h_c f_c y_1 - A_c f y_2 = 1256\times90\times14.3\times468+3974\times215\times412$$
$$=1108525818\text{N}\cdot\text{m}=1108.5\text{kN}\cdot\text{m}$$
$$M=1042.9\text{kN}\cdot\text{m}<M_u=1108.5\text{kN}\cdot\text{m}\quad\text{符合要求}。$$

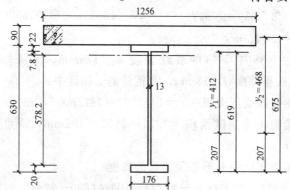

图9.4-5 截面中的形心距离 y_1 及 y_2

(b) 抗剪计算

已知 I63a 工字钢腹板厚度 $t_w=13\text{mm}$，腹板截面高度 $h_w=630-2\times22=590\text{mm}$。

由公式（5.3-2），有
$$V_u=h_w t_w f_v=590\times13\times125=958750\text{N}=958.8\text{kN}$$
$$V=289.7\text{kN}<V_u=958.8\text{kN} \quad \text{符合要求}$$

(5) 连接件设计

由前面的次梁设计已知，连接件的抗剪承载力设计值 $N_v^c=71.3\text{kN}$。

因为 $A_s f>b_e h_c f_c$，参考公式（6.7-2），剪跨区叠合面上纵向剪力
$$V_s=b_e h_c f_c=1616.5\text{kN}$$

所需的连接件个数
$$n_f=V_s/N_v^c=1616.5/71.3=22.7 \text{个，用 24 个。}$$

已知剪跨跨长 $l_s=3600\text{mm}$，连接件按 2 列（$n_s=2$）布置，则连接件间距为
$$u=n_s l_s/n_f=2\times3600/24=300\text{mm}$$

间距合乎规定，具体的 u 值详见施工图。连接件的横向布置见图 9.4-6。

(6) 混凝土翼板的界面受剪验算

根据推测判断，主梁混凝土翼板的界面受剪问题比次梁的突出，本设计只作了主梁混凝土翼板的界面受剪验算。

主梁混凝土翼板界面抵抗纵向剪力的横向钢筋如图 9.3-4 所示，为跨越主梁的横向构造钢筋，上下各一层，每层配钢筋Φ10@200，配筋截面面积为 $393\text{mm}^2/\text{m}=0.393\text{mm}^2/\text{mm}$，

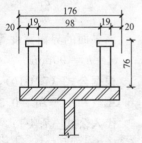

图 9.4-6 连接件的横向布置

用界面受剪公式中的符号即为 $A_t=A_b=0.393\text{mm}^2/\text{mm}$。

(a) 连接件包络界面受剪验算

该界面所受纵向剪力等于剪跨内叠合面上的纵向剪力 V_s，

$V_s=1616.5\text{kN}$；主梁的剪跨 $l_s=3.6\text{m}$，由公式（7.4-4），单位界面长度上的纵向剪力设计值为

$V_{l,1}=V_s/l_s=1616.5/3.6=449\text{kN/m}=449\text{N/mm}$

参见图 9.4-6，包络连接件外轮廓的界面宽度为

$b_s=76+19+98+19+76=288\text{mm}$

根据公式 7.4-11，单位长度界面上横向钢筋截面面积

$A_{st,1}=2A_b=2\times0.393=0.786\text{mm}^2/\text{mm}$

代入公式（7.4-1）验算，有

$V_{l,1}=449\text{N/mm}<b_s\beta f_c=288\times0.285\times14.3=1174\text{N/mm}$
符合要求。

代入公式（7.4-2）右侧，有

$V_{l,1}=\alpha b_s+0.8A_{st,1}f_{st}=0.9\times288+0.8\times0.786\times300$
$\quad=447.8\text{N/mm}$

$V_{l,1}=449\text{N/mm}\approx V_{u,1}=447.8\text{N/mm}$　　基本上符合要求。

(b) 混凝土翼板纵向竖界面受剪验算

由公式（7.4-6a）及公式（7.4-6b），考虑到 $b_1/b_e=b_2/b_e=1/2$，单位界面长度上的纵向剪力设计值为

$V_{l,1}=\dfrac{V_s}{l_s}\times\dfrac{b_1}{b_e}=\dfrac{V_s}{l_s}\times\dfrac{b_2}{b_e}=449\times\dfrac{1}{2}=244.5\text{N/mm}$

该界面的界面宽度等于翼板厚度，即

$b_s=h_c=90\text{mm}$

根据公式（7.4-10），单位长度界面上横向钢筋截面面积

$A_{st,1}=A_t+A_b=0.393+0.393=0.786\text{mm}^2/\text{mm}$

代入公式（7.4-1），有

$V_{l,1}=224.5\text{N/mm}<b_s\beta f_c=90\times0.285\times14.3=366.8\text{N/mm}$
符合要求。

代入公式（7.4-2）右侧，有

$V_{u,1}=\alpha b_s+0.8A_{st,1}f_{st}=0.9\times90+0.8\times0.786\times300$
$\quad=269.6\text{N/mm}$

$V_{l,1}=224.5\text{N/mm}<V_{u,1}=269.6\text{N/mm}$　　符合要求

(7) 挠度验算

(a) 梁的截面刚度

在荷载短暂作用下:

已知钢对混凝土的弹性模量比 $\alpha_E = E/E_c = 7$,混凝土翼板计算宽度 $b_e = 1256$mm,I63a 工字钢的截面惯性矩 $I_s = 939 \times 10^6$ mm⁴,截面面积 $A = 15466$mm²

混凝土翼板的换算宽度 $b_{eq} = b_e/\alpha_E = 1256/7 = 179$mm,换算截面形心距梁底的距离

$y_{sc} = (A \times 315 + b_{eq}h_c \times 675)/(A + b_{eq}h_c)$

$= (15466 \times 315 + 179 \times 90 \times 675)/(15466 + 179 \times 90)$

$= 498.7$mm

换算截面惯性矩

$I_{eq} = I_s + A \times (498.7 - 315)^2 + b_{eq}h_c^3/12 + b_{eq}h_c \times (675 - 498.7)^2$

$= 939 \times 10^6 + 521.9 \times 10^6 + 10.9 \times 10^6 + 500.7 \times 10^6$

$= 1972.5 \times 10^6$ mm⁴

根据规范规定,按公式(8.2-2)计算短期荷载作用下梁的截面刚度 B_s,其中 $1/(1+\zeta) = 0.84$,详细计算见附件。

$B_s = \dfrac{1}{1+\zeta} EI_{eq} = 0.84 \times 210 \times 10^3 \times 1972.5 \times 10^6$

$= 348 \times 10^{12}$ N·mm²

在荷载持续作用下:

混凝土翼板换算宽度 $b_{eq} = b_e/(2\alpha_E) = 89.5$mm

换算截面形心距梁底的距离

$y_{sc} = (A \times 315 + b_{eq}h_c \times 675)/(A + b_{eq}h_c)$

$= (15466 \times 315 + 89.5 \times 90 \times 675)/(15466 + 89.5 \times 90)$

$= 438.3$mm

换算截面惯性矩

$I_{eq} = I_s + A \times (438.3 - 315)^2 + b_{eq}h_c^3/12 + b_{eq}h_c \times (675 - 438.3)^2$

$= 939 \times 10^6 + 235.1 \times 10^6 + 5.5 \times 10^6 + 451.3 \times 10^6$

$= 1630.9 \times 10^6$ mm⁴

按照规范规定，按公式（8.2-2）计算持续荷载作用下梁的截面刚度 B_l，其中 $1/(1+\zeta)=0.88$，详细计算见附件。

$$B_l = \frac{1}{1+\zeta} EI_{eq} = 0.88 \times 210 \times 10^3 \times 1471.6 \times 10^6$$
$$= 272 \times 10^{12} \text{N} \cdot \text{mm}^2$$

（b）挠度验算

在永久荷载标准值 G_k（$=85.4$kN）作用下

$$\Delta_{Gk} = 0.0355 \times \frac{G_k l^3}{B_l} = 0.0355 \times \frac{85400 \times 10.8^3 \times 10^9}{272 \times 10^{12}} = 13.8 \text{mm}$$

在可变荷载标准值 Q_k（$=144$kN）作用下

$$\Delta_{Qk} = 0.0355 \times \frac{Q_k l^3}{B_s} = 0.0355 \times \frac{14400 \times 10.8^3 \times 10^9}{348 \times 10^{12}} = 19.1 \text{mm}$$

挠度的标准组合

$$\Delta = \Delta_{Gk} + \Delta_{Qk} = 13.8 + 19.1 = 32.9 \text{mm}$$

如果按 89 版混凝土结构设计规范规定，取挠度限值 $[\Delta] = l/300 = 10800/300 = 36$mm，设计可以通过。

如果按 89 版钢结构设计规范规定，取挠度限值 $[\Delta] = l/400 = 10800/400 = 27$mm，设计通不过。

现将钢部件改用 I63c，算得的挠度标准组合 $\Delta = 30$mm，如按 $l/350$ 的限值（31mm）要求，设计可以通过。如果坚持 $l/400$ 的限值（27mm）要求，建议用预留反拱办法解决。

附件：关于 $1/(1+\zeta)$ 的计算

由已知条件，算得

$A_{cf} = b_e h_c = 1.256 \times 0.09 = 0.11304 \text{m}^2$

$A = 17986 \text{mm}^2 = 17.986 \times 10^{-3} \text{m}^2$

$I = 102000 \text{cm}^4 = 1020 \times 10^6 \text{mm}^4 = 1020 \times 10^{-6} \text{m}^4$

$I_{cf} = \frac{1}{12} b_e h_c^3 = \frac{1}{12} \times 1.256 \times 0.09^3 = 7.6302 \times 10^{-5} \text{m}^4$

$d_c = (0.63 + 0.09)/2 = 0.36 \text{m}$

$h = 0.63 + 0.09 = 0.72 \text{m}$

$k = 71.3 \text{kN/mm} = 71300 \text{N/m}$

$p = 0.3 \text{m}$

$n_s = 2$

$\alpha_E = E/E_c = 210/30 = 7$

$l = 10.08 \text{m}$

在短暂荷载作用下，代入公式（8.2-8）逆向至公式（8.2-3），有

$I_0 = I + I_{cf}/\alpha_E = 939 \times 10^{-6} + 7.63 \times 10^{-5}/7 = 95 \times 10^{-5} \text{m}^4$

$A_0 = \dfrac{A_{cf}A}{\alpha_E A + A_{cf}} = \dfrac{0.11304 \times 17.986 \times 10^{-3}}{7 \times 17.986 \times 10^{-3} + 0.11304}$

$= 8.509 \times 10^{-3} \text{m}^2$

$A_1 = \dfrac{I_0 + A_0 d_c^2}{A_0} = \dfrac{95 \times 10^{-5} + 8.509 \times 10^{-3} \times 0.36^2}{8.509 \times 10^{-3}} = 0.241 \text{m}^2$

$j = 0.81 \sqrt{\dfrac{n_s k A_1}{EI_0 p}} = 0.81 \sqrt{\dfrac{2 \times 71300 \times 0.241}{210 \times 10^6 \times 95 \times 10^{-5} \times 0.3}}$

$= 0.614 \text{m}^{-1}$

$\eta = \dfrac{36 E d_c p A_0}{n_s k h l^2} = \dfrac{36 \times 210 \times 10^6 \times 0.36 \times 0.3 \times 8.509 \times 10^{-3}}{2 \times 71300 \times 0.72 \times 10.8^2}$

$= 0.580$

$\zeta = \eta \left[0.4 - \dfrac{3}{(jl)^2} \right] = 0.580 \left[0.4 - \dfrac{3}{(0.614 \times 10.8)^2} \right] = 0.192$

$\dfrac{1}{1+\zeta} = \dfrac{1}{1+0.192} = 0.84$

在持续荷载作用下，用（$2\alpha_E$）替代 α_E，代入公式（8.2-8）逆向至公式（8.2-3），有

$I_0 = I + I_{cf}/(2\alpha_E) = 939 \times 10^{-6} + 7.63 \times 10^{-5}/14$

$= 94.4 \times 10^{-5} \text{m}^4$

$A_0 = \dfrac{A_{cf}A}{2\alpha_E A + A_{cf}} = \dfrac{0.11304 \times 17.986 \times 10^{-3}}{14 \times 17.986 \times 10^{-3} + 0.11304}$

$= 5.573 \times 10^{-3} \text{m}^2$

$A_1 = \dfrac{I_0 + A_0 d_c^2}{A_0} = \dfrac{94.4 \times 10^{-5} + 5.573 \times 10^{-3} \times 0.36^2}{5.573 \times 10^{-3}}$

$$= 0.299 \text{m}^2$$

$$j = 0.81\sqrt{\frac{n_s k A_1}{E I_0 p}} = 0.81\sqrt{\frac{2 \times 71300 \times 0.299}{210 \times 10^6 \times 94.4 \times 10^{-5} \times 0.3}}$$

$$= 0.686 \text{m}^{-1}$$

$$\eta = \frac{36 E d_c p A_0}{n_s k h l^2} = \frac{36 \times 210 \times 10^6 \times 0.36 \times 0.3 \times 5.573 \times 10^{-3}}{2 \times 71300 \times 0.72 \times 10.8^2}$$

$$= 0.38$$

$$\zeta = \eta \left[0.4 - \frac{3}{(jl)^2} \right] = 0.38 \left[0.4 - \frac{3}{(0.686 \times 10.8)^2} \right] = 0.131$$

$$\frac{1}{1+\zeta} = \frac{1}{1+0.13} = 0.884$$

(8) 梁端以及其下支座的设计验算

主梁梁端钢部件以及其下支座构造见图 9.4-7。因为梁跨在

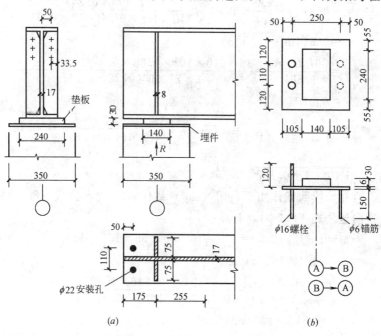

图 9.4-7 梁端、支座及埋件
(a) 梁端及其下支座；(b) 柱顶埋件

20m 以内,采用钢垫板作支座,钢垫板的平面尺寸设为240mm×140mm,厚度 30mm。

验算内容包括钢梁梁端在支座反力作用下的竖向受压验算、钢垫板的强度验算以及混凝土柱柱顶承压验算。

(a) 钢梁梁端在支座反力作用下的竖向受压验算

主梁梁下支座反力 R 除了简图 9.4-7 针对中间次梁的支座反力 289.7kN($\approx$290kN)之外,尚应包括边次梁直接传来的作用力,等于中间次梁作用力的一半,即 145kN,故 $R=290+145=435$kN。

在 R 的作用下,梁端按竖向受压杆计算,杆件计算长度 l_0 取等于主梁腹板计算高度 h_0,即 $l_0=h_0=570$mm。

在支座轴线处,设加劲肋,兼作与次梁的连接板,由图 9.4-7a 可知,加劲肋的外伸宽度 $b_s=50-17/2+33.5=75$mm;加劲肋厚度取 8mm,按最小厚度规定,为 $h_0/30+40=570/30+40=59$mm,符合规定。

在支座反力 R 作用下,梁的水平剖面内的工作截面成十字形,除了横向加劲肋之外,还包括腹板的有效受压宽度,自加劲肋边算起,等于 15 倍腹板厚度,即 $15\times17=255$mm,或者是小于该值的实际宽度,自加劲肋边算起为 171mm,见图 9.4-7a。

十字形受压工作截面的截面面积为

$A_s=(75+17+75)\times8+(255+171-8)\times17=8714$mm^2

十字形受压工作截面的截面惯性矩为

$I_z=\dfrac{1}{12}\times8\times(75+17+75)^3+\dfrac{1}{12}\times(255+171-8)\times17^3$

$=3.28\times10^6$mm^4

十字形受压工作截面的回转半径为

$$i_z=\sqrt{\dfrac{I_z}{A_s}}=\sqrt{\dfrac{3.28\times10^6}{8.71\times10^3}}=19.4\text{mm}$$

压杆的长细比 $\lambda_z=l_0/i_z=570/19.4=29$,相应的稳定系数 $\varphi=0.909$。

验算腹板出平面稳定：

$$\frac{R}{A_s \varphi} = \frac{435000}{8714 \times 0.909} = 55\text{N/mm}^2 < f = 215\text{N/mm}^2$$

验算加劲肋下端承压强度：

已知腹板的承压面积为 $140 \times 17 = 2380\text{mm}^2$，加劲肋扣除切角 $b_s/3(=25\text{mm})$ 后的承压面积为 $2 \times (75-25) \times 8 = 800\text{mm}^2$，因而有

$$\sigma_{ce} = \frac{435000}{(2380+800)} = 231\text{N/mm}^2 < f_{ce} = 325\text{N/mm}^2$$

计算加劲肋对腹板的连接焊缝高度，取角焊缝强度 $f_f^w = 160\text{N/mm}^2$，加劲肋上下切角高度各取 $b_s/2(=37.5\text{mm})$，有

$$h_f = \frac{800 \times 231}{4 \times 0.7 \times (570 - 2 \times 37.5) \times 160} = 0.8\text{mm}$$

取 $h_f = 6\text{mm} > 15\sqrt{t} = 15\sqrt{8} = 4.2\text{mm}$。

(b) 垫板的强度验算

已知垫板的平面尺寸为 $240 \times 140\text{mm}$，厚 30mm。在上部荷载 435kN 作用下，假定垫板与柱顶埋件之间压强均匀分布，$q = 435000/(240 \times 140) = 13\text{N/mm}^2$。偏于保守方面，认为垫板的计算简图是承受压强 q 的向上作用并以加劲肋为支座左右对称的悬挑板，挑臂长度 $l = 140/2 = 70\text{mm}$。悬挑弯矩为

$$M = \frac{1}{2} q \times 240 \times l^2 = \frac{1}{2} \times 13 \times 240 \times 70^2 = 7644000\text{N} \cdot \text{mm}$$

垫板的弯曲应力

$$\sigma = \frac{M}{W} = \frac{7644000}{\frac{1}{6} \times 240 \times 30^2} = 212\text{N/mm}^2 < f = 215\text{N/mm}^2$$

(c) 垫板下柱顶混凝土局部受压强度验算

已知柱顶平面面积 $A = 350 \times 350 = 122500\text{mm}^2$，垫板平面面积 $A_n = 240 \times 140 = 33600\text{mm}^2$，柱的混凝土强度等级 C30，$f_c = 14.3\text{N/mm}^2$。

根据混凝土结构设计规范，柱顶局部受压承载力为

$$F_l = \beta f_c A_n = \sqrt{\frac{A}{A_n}} f_c A_n = \sqrt{\frac{122500}{33600}} \times 14.3 \times 33600 = 917432\text{N}$$
$$= 917\text{kN} > R = 435\text{kN}$$

图 9.4-7b 为柱顶埋件示意图。埋件上伸出 2ϕ16 螺栓,穿过钢梁下翼缘端部安装孔固定。

五、设计小结

• 原理所给的条件往往是理想化的,而工程则是现实的;原理偏重于专题探讨,而工程则大多强调综合分析。希望能见到更多的设计与施工小结,众志成城,汇集成系统的实践经验。

• 用公式 (9.3-1) 预估钢部件型号看来是可行的。

• 计算梁的支座截面承载力时,一定要注意梁的腹板有无削弱。

• 本设计例题中,挠度验算是主要矛盾。对于次梁,承载力计算富余 10%,而挠度计算则富余 6%;对于主梁,也是如此,承载力计算用 I63a 工字钢就有 6% 富余,而挠度计算用 I63c 工字钢勉强通过。挠度验算的计算量也很大,占全部计算书的三成多。

• 本设计例题中,次梁截面高度对跨度之比为 1/20,而主梁的高跨比则为 1/15。可供参考。

• 造成挠度计算是主要矛盾的原因是多方面的,一是梁的跨度较大,次梁跨长 8m,主梁跨长 10.8m;二是混凝土翼板与钢梁组合之后,与原先的钢梁相比,承载力的提高倍数大于刚度的提高倍数;三是 2003 年规范有新规定,要考虑叠合面相对滑移影响要在原来的截面刚度 EI_{eq} 基础上乘以 $1/(1+\zeta)$ 折减,影响不小。

• 本设计例题正文中,算得的刚度折减因子 $1/(1+\zeta)$ 及挠度组合如下:

梁	$1/(1+\zeta)$		挠度组合 (mm)
	短暂作用	持续作用	
次梁	0.81	0.84	29.8
主梁	0.84	0.88	32.9

如果按公式（8.3-3）建议计算，取用的刚度折减系数 ξ 及算得的挠度组合如下：

梁	ξ		挠度组合
	短暂作用	持续作用	（mm）
次梁	0.83	0.85	29.3
主梁	0.83	0.85	33.5

次梁的挠度组合基本上与正文持平，主梁的挠度组合仅比正文大2%，且偏于可靠方面。公式（8.3-3）看来是可行的。

• 要注意板内四种构造钢筋的配置，它们是工程人员为防止楼板开裂的多年经验总结，其中跨越主梁的横向钢筋更不要忽视，能通过界面受剪验算复核一下更好，尽管规范没有这方面的专门要求。

• 按单位平面面积计，主梁钢部件用钢量为 $17.6 kg/m^2$，次梁钢部件用钢量为 $16.0 kg/m^2$

• 楼盖结构施工图见图 9.4-8 及图 9.4-9。

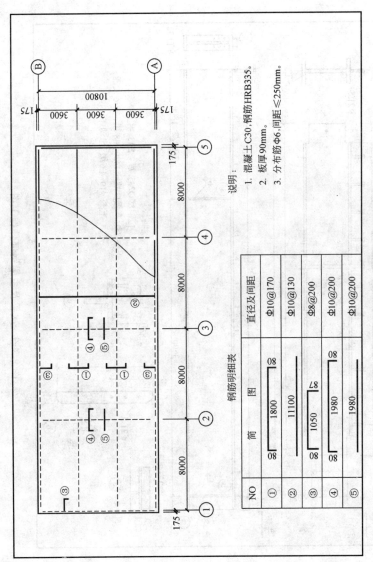

图 9.4-8 梁格布置及板的配筋施工图

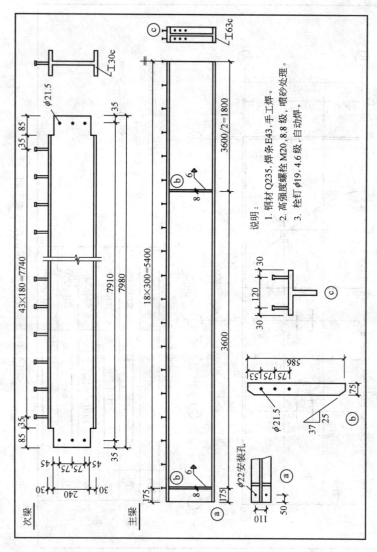

图 9.4-9 次梁及主梁钢部件施工图

热轧普通工字钢的尺寸、截面面积、理论重量及截面特性（摘自 GB/T 706—88） 附表 1

h—高度；b—翼缘宽度；d—腹板厚度；t—平均翼缘厚度；r—内圆弧半径；r_1—翼缘端圆弧半径；i—惯性半径；W—截面模量；i—惯性半径；S—半截面的静力矩

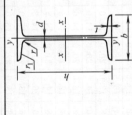

型号	h	b	d	t	r	r_1	截面面积 (cm^2)	理论重量 (kg/m)	参考数值						
									x–x				y–y		
		尺	寸	(mm)					$I_x(cm^4)$	$W_x(cm^3)$	$i_x(cm)$	$I_x:S_x$	$I_y(cm^4)$	$W_y(cm^3)$	$i_y(cm)$
10	100	68	4.5	7.6	6.5	3.3	14.345	11.261	245	49.0	4.14	8.59	33.0	9.72	1.52
12.6	120	74	5.0	8.4	7.0	3.5	18.118	14.223	488	77.5	5.20	10.8	46.9	12.7	1.61
14	140	80	5.5	9.1	7.5	3.8	21.516	16.890	712	102	5.76	12.0	64.4	16.1	1.73
16	160	88	6.0	9.9	8.0	4.0	26.131	20.513	1130	141	6.58	13.8	93.1	21.2	1.89
18	180	94	6.5	10.7	8.5	4.3	30.756	24.143	1660	185	7.36	15.4	122	26.0	2.00
20a	200	100	7.0	11.4	9.0	4.5	35.578	27.929	2370	237	8.15	17.2	158	31.5	2.12
20b	200	102	9.0	11.4	9.0	4.5	39.578	31.069	2500	250	7.96	16.9	169	33.1	2.06
22a	220	110	7.5	12.3	9.5	4.8	42.128	33.070	3400	309	8.99	18.9	225	40.9	2.31
22b	220	112	9.5	12.3	9.5	4.8	46.528	36.524	3570	325	8.78	18.7	239	42.7	2.27
25a	250	116	8.0	13.0	10.0	5.0	48.541	38.105	5020	402	10.2	21.6	280	48.3	2.40
25b	250	118	10.0	13.0	10.0	5.0	53.541	42.030	5280	423	9.94	21.3	309	52.4	2.40

续附表 1

参考数值

型号	h	b	d	t	r	r_1	截面面积 (cm^2)	理论重量 (kg/m)	x-x				y-y		
									I_x(cm^4)	W_x(cm^3)	i_x(cm)	$I_x:S_x$	I_y(cm^4)	W_y(cm^3)	i_y(cm)
28a	280	122	8.5	13.7	10.5	5.3	55.404	43.492	7110	508	11.3	24.6	345	56.6	2.50
28b	280	124	10.5	13.7	10.5	5.3	61.004	47.888	7480	534	11.1	24.2	379	61.2	2.49
32a	320	130	9.5	15.0	11.5	5.8	67.156	52.717	11100	692	12.8	27.5	460	70.8	2.62
32b	320	132	11.5	15.0	11.5	5.8	73.556	57.741	11600	726	12.6	27.1	502	76.0	2.61
32c	320	134	13.5	15.0	11.5	5.8	79.956	62.765	12200	760	12.3	26.8	544	81.2	2.61
36a	360	136	10.0	15.8	12.0	6.0	76.480	60.037	15800	875	14.4	30.7	552	81.2	2.69
36b	360	138	12.0	15.8	12.0	6.0	83.680	65.689	16500	919	14.1	30.3	582	84.3	2.64
36c	360	140	14.0	15.8	12.0	6.0	90.880	71.341	17300	962	13.8	29.9	612	87.4	2.60
40a	400	142	10.5	16.5	12.5	6.3	86.112	67.598	21700	1090	15.9	34.1	660	93.2	2.77
40b	400	144	12.5	16.5	12.5	6.3	94.112	73.878	22800	1140	15.6	33.6	692	96.2	2.71
40c	400	146	14.5	16.5	12.5	6.3	102.112	80.158	23900	1190	15.2	33.2	727	99.6	2.65
45a	450	150	11.5	18.0	13.5	6.8	102.446	80.420	32200	1430	17.7	38.6	855	114	2.89
45b	450	152	13.5	18.0	13.5	6.8	111.446	87.485	33800	1500	17.4	38.0	894	118	2.84
45c	450	154	15.5	18.0	13.5	6.8	120.446	94.550	35300	1570	17.1	37.6	938	122	2.79
50a	500	158	12.0	20.0	14.0	7.0	119.304	93.654	46500	1860	19.7	42.8	1120	142	3.07
50b	500	160	14.0	20.0	14.0	7.0	129.304	101.504	48600	1940	19.4	42.4	1170	146	3.01
50c	500	162	16.0	20.0	14.0	7.0	139.304	109.354	50600	2080	19.0	41.8	1220	151	2.96
56a	560	166	12.5	21.0	14.5	7.3	135.435	106.316	65600	2340	22.0	47.7	1370	165	3.18
56b	560	168	14.5	21.0	14.5	7.3	146.635	115.108	68500	2450	21.6	47.2	1490	174	3.16
56c	560	170	16.5	21.0	14.5	7.3	157.835	123.900	71400	2550	21.3	46.7	1560	183	3.16
63a	630	176	13.0	22.0	15.0	7.5	154.658	121.407	93900	2980	24.5	54.2	1700	193	3.31
63b	630	178	15.0	22.0	15.0	7.5	167.258	131.298	98100	3160	24.2	53.5	1810	204	3.29
63c	630	180	17.0	22.0	15.0	7.5	179.858	141.189	102000	3300	23.8	52.9	1920	214	3.27

附表 2

经供需双方协议，可供应的普通工字钢

h—高度；b—翼缘宽度；d—腹板厚度；t—平均翼缘厚度；r—内圆弧半径；r_1—翼缘端圆弧半径；i—惯性半径；W—截面模量；i—惯性半径；S—半截面的静力矩

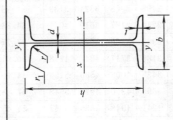

型号	尺 寸 (mm)						截面面积 (cm^2)	理论重量 (kg/m)	参 考 数 值						
									$x-x$				$y-y$		
	h	b	d	t	r	r_1			$I_x(cm^4)$	$W_x(cm^3)$	$i_x(cm)$	$I_x:S_x$	$I_y(cm^4)$	$W_y(cm^3)$	$i_y(cm)$
12	120	74	5.0	8.4	7.0	3.5	17.818	13.987	436	72.7	4.99	10.3	46.9	12.7	1.62
24a	240	116	8.0	13.0	10.0	5.0	47.741	37.477	4570	381	9.77	20.7	280	48.4	2.42
24b	240	118	10.0	13.0	10.0	5.0	52.541	41.245	4800	400	9.57	20.4	297	50.4	2.38
27a	270	122	8.5	13.7	10.5	5.3	54.554	42.825	6550	485	10.9	23.8	345	56.6	2.51
27b	270	124	10.5	13.7	10.5	5.3	59.954	47.064	6870	509	10.7	22.9	366	58.9	2.47
30a	300	126	9.0	14.4	11.0	5.5	61.254	48.084	8950	597	12.1	25.7	400	63.5	2.55
30b	300	128	11.0	14.4	11.0	5.5	67.254	52.794	9400	627	11.8	25.4	422	65.9	2.50
30c	300	130	13.0	14.4	11.0	5.5	73.254	57.504	9850	657	11.6	26.0	445	68.5	2.46
55a	550	166	12.5	21.0	14.5	7.3	134.185	105.335	62900	2290	21.6	46.9	1370	164	3.19
55b	550	168	14.5	21.0	14.5	7.3	145.185	113.970	65600	2390	21.2	46.4	1420	170	3.14
55c	550	170	16.5	21.0	14.5	7.3	156.185	122.605	68400	2490	20.9	45.8	1480	175	3.08

钢筋的计算截面面积及理论重量   附表 3

直径 d (mm)	计算截面面积 (mm²)，当根数 n 为：									理论重量 (N/m)
	1	2	3	4	5	6	7	8	9	
2.5	4.9	9.8	14.7	19.6	24.5	29.4	34.3	39.2	44.1	0.383
3	7.1	14.1	21.2	28.3	35.3	42.4	49.5	56.5	63.6	0.540
4	12.6	25.1	37.7	50.2	62.8	75.4	87.9	100.5	113	0.971
5	19.6	39	59	79	98	118	138	157	177	1.511
6*	28.3	57	85	113	142	170	198	226	255	2.178
7	38.5	77	115	154	192	231	269	308	346	2.963
8*	50.3	101	151	201	252	302	352	402	453	3.875
9	63.5	127	191	254	318	382	445	500	572	4.895
10*	78.5	157	236	314	393	471	550	628	707	6.053
11	95.0	190	285	380	475	570	665	760	855	7.358
12*	113.1	226	339	452	565	678	791	904	1017	8.711
13	132.7	265	398	531	664	796	929	1062	1195	10.20
14*	153.9	308	461	615	769	923	1077	1230	1387	11.85
15	176.7	353	530	707	884	1050	1237	1414	1512	13.64
16*	201.1	402	603	804	1005	1206	1407	1608	1809	15.48
17	227.0	454	681	908	1135	1305	1589	1816	2043	17.46
18*	254.5	509	763	1017	1272	1526	1780	2036	2290	19.60
19	283.5	567	851	1134	1418	1701	1985	2268	2552	21.88
20*	314.2	628	941	1256	1570	1884	2200	2513	2827	24.19
21	346.4	693	1039	1385	1732	2078	2425	2771	3117	26.68
22*	380.1	760	1140	1520	1900	2281	2661	3041	3421	29.27
23	415.5	831	1246	1662	2077	2498	2908	3324	3739	31.98
24	452.4	904	1356	1808	2262	2714	3167	3619	4071	34.84
25*	490.9	982	1473	1964	2454	2945	3436	3927	4418	37.77
26	530.9	1062	1593	2124	2655	3186	3717	4247	4778	40.91
27	572.6	1144	1716	2291	2865	3435	4008	4580	5153	44.10
28*	615.3	1232	1847	2463	3079	3695	4310	4926	5542	47.38
30*	706.9	1413	2121	2827	3534	4241	4948	5655	6362	54.45
32*	804.3	1609	2418	3217	4021	4826	5630	6434	7238	61.90
34	907.9	1816	2724	3632	4540	5448	6355	7263	8171	69.95
35	962.0	1924	2886	3848	4810	5772	6734	7696	8658	73.58
36	1017.9	2036	3054	4072	5089	6107	7125	8143	9161	78.38
40	1256.1	2513	3770	5027	6283	7540	8796	10053	11310	96.78

附表 4

每米板宽内的钢筋截面积

当钢筋直径(mm)为下列数值时的钢筋截面积(mm²)

钢筋间距 (mm)	3	4	5	6	6/8	8	8/10	10	10/12	12	12/14	14	14/16	16
70	101	179	281	404	561	719	920	1121	1369	1616	1908	2199	2536	2872
75	94.3	167	262	377	524	671	859	1047	1277	1508	1780	2053	2367	2681
80	88.4	157	245	354	491	629	805	981	1198	1414	1669	1924	2218	2513
85	83.2	148	231	333	462	592	758	924	1127	1331	1571	1811	2088	2365
90	78.5	140	218	314	437	559	716	872	1064	1257	1484	1710	1972	2234
95	74.5	123	207	298	414	529	678	826	1008	1190	1405	1620	1868	2116
100	70.6	126	196	283	393	503	644	785	958	1131	1335	1539	1775	2011
110	64.2	114	178	257	357	457	585	714	871	1028	1214	1399	1614	1828
120	58.9	105	163	236	327	419	537	654	798	942	1112	1283	1480	1676
125	56.5	100	157	226	314	402	515	628	766	905	1068	1232	1420	1608
130	54.4	96.6	151	218	302	387	495	604	737	870	1027	1184	1366	1547
140	50.5	89.7	140	202	281	359	460	561	684	808	954	1100	1268	1436
150	47.1	83.5	131	189	262	335	429	523	639	754	890	1026	1183	1340
160	44.1	78.5	123	177	246	314	403	491	599	707	834	962	1110	1257
170	41.5	73.9	115	166	231	296	379	462	564	665	786	906	1044	1183
180	39.2	69.8	109	157	218	279	358	436	532	628	742	855	985	1117
190	37.2	66.1	103	149	207	265	339	413	504	595	702	810	934	1058
200	35.3	62.8	98.2	141	196	251	322	393	479	565	668	770	888	1005
220	32.1	57.1	89.3	129	178	228	292	357	436	514	607	700	807	914
240	29.4	52.4	81.9	118	164	209	268	327	399	471	556	641	740	838
250	28.3	50.2	78.5	113	157	201	258	314	383	452	534	616	710	804
260	27.2	48.3	75.5	109	151	193	248	302	368	435	514	592	682	773
280	25.2	44.9	70.1	101	140	180	230	281	342	404	477	550	634	718
300	23.6	41.9	65.5	94	131	168	215	262	320	377	445	513	592	670
320	22.1	39.2	61.4	88	123	157	201	245	299	353	417	481	554	628

注：表中钢筋直径中的 6/8、8/10、……等系指两种直径的钢筋间隔放置。

参考文献

[1] 中华人民共和国国家标准．建筑结构荷载规范 GB 50009—2001．北京：中国建筑工业出版社，2001

[2] 中华人民共和国国家标准．钢结构设计规范 GB 50017—2003．北京：中国计划出版社，2003

[3] 中华人民共和国国家标准．混凝土结构设计规范 GB 50010—2002．北京：中国建筑工业出版社．2002

[4] 中华人民共和国行业标准．高层民用建筑钢结构设计规程 JGJ 99—98．北京：中国建筑工业出版社，1998

[5] ECCS. Composite Structures. The Construction Press，London，1981

[6] 日本建筑学会．合成ぱり构造设计施工指南．1985

[7] Eurocode 4：Design of Composite Steel and Concrete Structures，Part2；Composite Bridges. European Committee for Standardization，1997

[8] Charles G. Salman, Jhon. E. Johnson. Steel Structures，Design and Behavior. Hopper & Row Publishers，New York，1980

[9] R. Park, T. Paulay. Reinforced Concrete Structures. Awele，1975

[10] George Winter, Authur H. Nilson. Design of Concrete Structures. (Ninth Edition). MeGrew-Hill Book Company，New York

[11] R. P. Johnson. Composite Structure of Steel and Concrete，Vol 1 (second edition). Blackwell Scientific Publications，London，1994

[12] 聂建国，余志武．钢-混凝土组合梁在我国的研究和应用．土木工程学报，1999 年 4 月

[13] Ivan M. Viest. Review of Research on Composite Steel-Concrete Beams. Journal of Structure Division，ASCE，1960

[14] 朱聘儒，高向东．钢-混凝土连续组合梁塑性铰特性及内力重分配研究．建筑结构学报，1990，11（6）

[15] 樊俊生、聂建国、叶清华、王挺．钢-压型钢板混凝土连续组合梁调

幅系数的试验研究. 建筑结构学报，2001，22（2）

[16] 朱聘儒，国明超，朱起. 钢-混凝土组合梁协同工作的分析及试验. 建筑结构学报. 1987，No. 5

[17] РжаницыА. Р.. Теория составных стер-жней стрительных конструкций. Строй-здат. 1948

[18] Johnson R. P., Willmington R. T.. Vertical Shear in Continuous Composite Beams, Proceeding Institute of Civil Engineer, 1972

[19] 张少云. 钢-混凝土组合梁栓钉连接件抗剪强度性能研究，郑州工学院土木系，1987

[20] 聂建国，孙国良. 钢-混凝土组合梁槽钢连接件基本性能和极限承载力研究. 郑州工学院，1985

[21] 朱聘儒，李铁强，陶懋治. 钢与混凝土组合梁弯筋连接件的抗剪性能. 工业建筑，1985，No. 10

[22] J. G. Ollgaard, R. G. Slutter and John. W. Fisher. Shear Strength of Stud Connectors in Light-weight and Normal-weight Concrete. AISC Eng. Journal, 1971

[23] J. B. Menzies. CP117 and Shear Connectors in Steel-Concrete Composite Beams Made with Normal-density or Light-weight Concrete. The Structural Eng., 1997

[24] Hofbeck J. A., I. O. Ibrahin, and A. H. Mattock. Shear Transfer in Reinfoced concrete. ACI Journal, 1969

[25] 聂建国，沈聚敏，余志武. 考虑滑移效应的钢-混凝土组合梁变形计算的折减刚度法. 土木工程学报，1995，28（6）

[26] 陈富生，邱国桦，范重. 高层建筑钢结构设计（第二版）. 北京：中国建筑工业出版社，2004